小家好好住

Small Homes Can be Cosier

漂亮家居编辑部 著

中国轻工业出版社

图书在版编目(CIP)数据

小家好好住 / 漂亮家居编辑部著. -- 北京 : 中国轻工业出版社, 2019.10

ISBN 978-7-5184-2618-8

Ⅰ. ①小… Ⅱ. ①漂… Ⅲ. ①住宅—室内装饰设计 Ⅳ. ① TU241

中国版本图书馆 CIP 数据核字 (2019) 第183179号

责任编辑：巴丽华　　责任终审：劳国强
封面设计：奇文云海　　版式设计：奥视创意　　责任监印：张京华

出版发行：中国轻工业出版社（北京东长安街6 号，邮编：100740）
印　　刷：北京博海升彩色印刷有限公司
经　　销：各地新华书店
版　　次：2019 年10月第1 版第 1 次印刷
开　　本：710×1000　1/16　印张：13
字　　数：200 千字
书　　号：ISBN 978-7-5184-2618-8　　定价：68.00 元
邮购电话：010-65241695
发行电话：010-85119835　传真：85113293
网　　址：http://www.chlip.com.cn
Email：club@chlip.com.cn
如发现图书残缺请与我社邮购联系调换
180812S5X101ZYW

目录

Chapter / 1

舒适格局+合理动线，小家生活超便利

格局动线规划，这样做会更好

Chapter / 2
善用色彩和建材，小家视觉更宽敞

小户型，这样做瞬间变大

Chapter / 3

灵活布局，合理收纳，小家不乱也不挤

多功能设计，这样做才好用

KEDING
KEDING

Chapter 1

舒适格局+合理动线，小家生活超便利

格局动线规划，这样做会更好

什么是动线？动线是人们完成某一系列动作而走的路线。常见的三种家居动线有：居住动线、家务动线、访客动线。考虑日常动线布局，进行合理规划，可使家居动线更流畅。格局是规划空间最重要的一环，格局的好坏是关系到动线的流畅度，光线的穿透范围和居住的舒适性。小户型更需要从居住者的角度出发考虑生活习惯，再搭配合理的空间规划，创造小户型的最佳空间感。

[小家放大术1]

减少一房，找回合理、舒适的生活空间

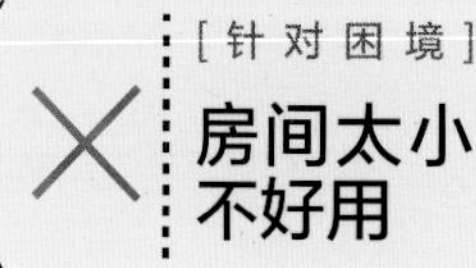

有的开发商为了用房间数吸引消费者，往往在有限的面积内规划不合理的卧室数量，把公共空间切割得过于零碎，卧室面积因此太过狭小，甚至只有1张床的大小，没有任何走道及回转空间。装修时建议以实际居住人数及使用需求规划卧室数，将多余不必要的隔间移除，重新整合出每个空间适宜的面积。

图片提供_甘纳设计

手法1 移除不必要的卧室，公共空间更为完整

根据居住人口重新配置格局，移除原本与客厅相邻的多余次卧，减少过多隔间造成的零碎空间及过道浪费，改造后视野广度提升有放大空间的效果，方整格局更好运用，且空间采光也更加明亮。

手法 2　厨房取代原有卧室，增添居住生活感

传统老房常有厨房位于阴暗角落的问题，不但使动线不佳也无法契合现代生活形态。将厨房移至公共区域取代多余卧室的位置，构成餐厅结合厨房的开放式空间。不过有热炒习惯的人，开放式厨房的油烟问题需要和设计师讨论克服。

图片提供_甘纳设计

内行人才知道

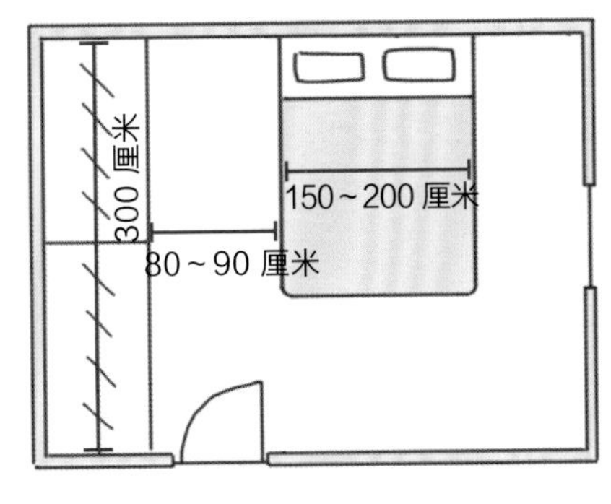

房间大小是算出来的

以主卧室为例，从实用角度配置家具，应包括床、床头柜、化妆桌及衣橱。以这些大型家具来计算，若是夫妻，双人床的最小尺寸应为150厘米×200厘米，共同使用的衣柜宽度大约要300厘米，这样衣物收纳功能才会足够，同时也要留出80～90厘米的走道宽度，整个换算下来，一般双人卧室要10平方米以上才是具有舒适感的合理面积。

[小家放大术2]

房间高度有学问，尺寸算对才好用

[针 对 困 境]

复式不舒适，又暗又矮空间窘迫

挑高（房地产名词，指房屋层高比较高的户型）空间做夹层设计以增加平效（指单位面积的使用效率），这是小户型套房常见的格局规划，但是并非所有的挑高都适合规划夹层，由于空间高度至少要达2.1米居住生活才不会有压迫感，一般开发商号称3.6米的空间高度扣除20厘米楼板厚度以及2.1米的正常站立高度，推算下来上方夹层高度只剩1.3米，这样的高度完全无法站立，需要采取不舒服的弯腰或跪姿，若要作为收纳储物间，又有深度过深不方便拿取的窘境，因此规划夹层务必精算扣除楼板厚度的实际楼高，考虑楼梯位置及结构强度，最重要的是考虑居住舒适度。

手法 1 局部夹层设计，保有挑高舒适空间感

挑高小户型由于平面使用空间有限，可利用高度争取空间使用平效，但建议不要整个楼面全部做夹层，这样容易产生压迫感，可选取整体空间的1/3规划夹层位置，保留局部挑高空间的垂直高度，让小户型仍有开阔感。同时也要注意夹层的位置，如果夹层在单边采光的窗边，可能会遮住主要光线使空间昏暗，要尽可能引入自然光线，让空间因明亮而显得舒适宽敞。

图片提供_彗星设计

手法 2　规划高低层次，让使用更方便

要将生活所需功能塞进有限空间里，小户型更需缜密精算尺寸及使用安全。一般挑高空间会将公共空间留给楼下，较矮的夹层部分就规划成卧室、更衣室或是收纳间，高度不够的夹层可以利用高低层次，在落差之间的空间规划收纳功能，巧妙利用透明隔间及镂空建材，创造使用空间的同时也能顾及美感。

图片提供_幸福生活研究院

内行人才知道

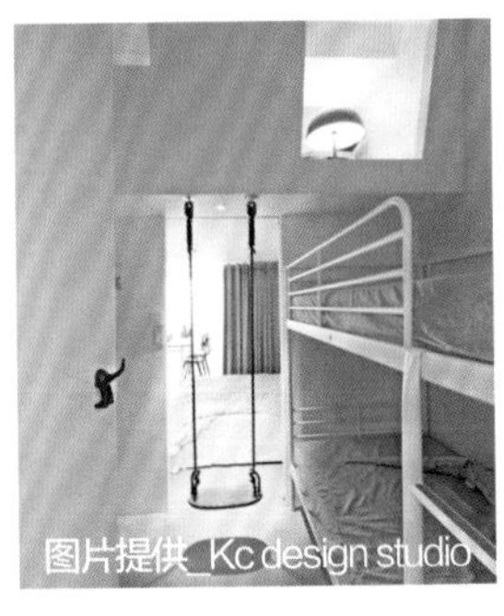
图片提供_Kc design studio

3.6米、3.4米，差了一点其实差很大

高度3.4米、3.6米、4.2米是较常见的挑高尺寸，而这只是指上下楼板中心点的距离，所以室内真正的净高必须要扣掉楼板及铺面大约20厘米的厚度，因此3.6米实际高度是3.4米，4.2米大约只有4米，如果是10楼以上还需计算消防管线所占据的空间，因此挑高至少要4.2米以上，才有可能保证上下空间都能站立走动而不至于有压迫感。

[小家放大术3]

设计灵活的弹性隔间，让私密空间不受干扰

[针对困境]

公私不分，有了开放没了隐私

规划开放式格局是放大小户型空间常使用的手法，通过开放式格局创造出自由流畅的动线和视线，平时自家人生活时能无拘无束自在穿梭，但是一旦客人来访，无阻隔的开放式空间反而令人感到不自在，甚至扰乱了生活作息。对应这种非常态性的生活需求，可以用更弹性的设计手法来解决，例如运用推拉门或者折迭门将较需要隐私的空间隔开，就能依需求开放或关闭，也不会影响平日生活动线。

图片提供_邑舍室内设计

手法 1 设计公共区域与卧室之间的灵活动线

由于使用空间有限，小户型空间在规划上会尽可能减少隔间，使动线流畅，视线上保持开阔，以整体空间来说，卧室是相对需要保有隐私的，在卧室与公共区域之间，用柜体创造一个开放式的循环动线，双边出入口设计让动线流畅不阻碍。当有客人来访时，可以视情况关上一扇推拉门让卧室成为独立的私密空间。

图片提供_隐巷设计顾问有限公司

手法 2 视小朋友成长阶段善用折迭门变换空间

对许多有学龄前儿童的小家庭而言，小朋友照顾的方便性成为空间规划的重点需求，以中长期居住时间来考虑空间，未上学的小朋友需要日夜看护，因此让主卧与儿童房作为一个整体空间，中间以折迭门分隔，但各自拥有独立出入口，父母在就近照顾的同时也可适度保有私密空间。小朋友长大后，关上折迭门就能轻松提供一个完整的独立卧室。

[小家放大术4]

打造公共空间，让家人互动更方便

[针 对 困 境]

房间各自独立，家人交流不便

小户型在整体空间规划上必须有所取舍，想要客厅宽敞，卧室就不可能太大，因此休憩的卧室就让它回归单纯的睡觉功能，规划出基本面积就好，不需要过于复杂的功能，其余空间留给与家人共处的公共空间。无论是以中岛区为中心的开放式厨房，还是兼作书房的客厅，打开不必要的隔间、整合零碎格局不仅让空间有开阔感，还能多元化利用空间，达到与家人互动、情感交流的目的。

图片提供_成舍设计

图片提供_成舍设计

手法 1 保持活动重心的高度开放性

一般来说客厅是家里最常走动的地方，其次是餐厅，因此客厅规划在动线最容易到达的地方。而开放式公共空间可视生活需求，将客厅与餐厅、书房结合，或者融入开放式厨房及餐厅，不仅能让小户型居家空间运用更为从容，同时也通过空间的自由感让家人日常生活联系更密切，创造随时随地可亲近的生活方式。

手法 2 动线交会点设定在主要区域

小户型若是规划1房以上的配置，尽量让卧室位置集中以有效利用空间，而卧室出入动线的交会点最好汇集在使用较为频繁的客厅、餐厅，让家人进出走动能随时关照到彼此动态。但要注意避免交叉或穿越完整空间的动线规划，比如当有人在客厅谈话或是看电视时，其他人要越过客厅主要动线才能到厨房，诸如此类的动线容易互相干扰。

[小家放大术5]

动线对了，做家务省力又高效

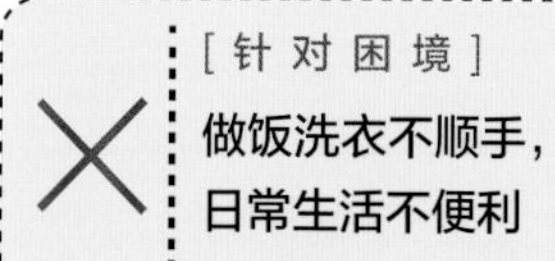

下厨有一定的程序步骤，大致来说是从冰箱拿取食材、处理食材最后动手烹饪，因此厨房工作就在冰箱、水槽、燃气灶三个主要基点间构成“工作三角动线”，动线内往返交错应控制在60～120厘米（约1～2步距离），这样稍微转身移动即能顺畅备料做饭，这样才是理想并省力的厨房动线。

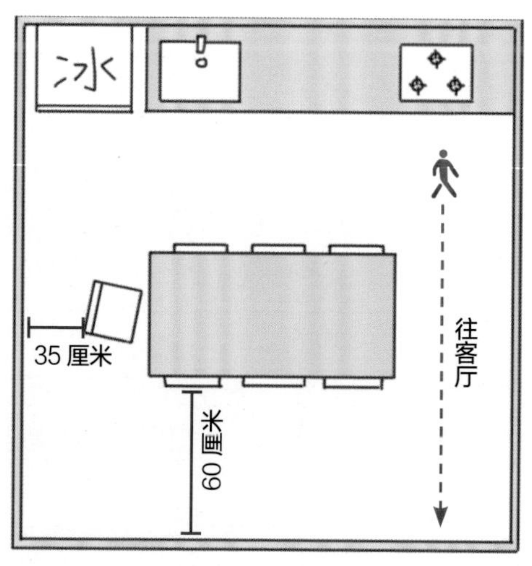

图片提供_KC design studio

手法 1 从厨房工作习惯考虑流畅动线规划

依照一般家庭主妇的厨房使用习惯，冰箱应最靠近洗涤区，如果小户型厨房空间不够，常见将冰箱移出厨房，但仍应接近厨房门口，至于烹饪区的燃气灶即使放置位置不够，也不要紧靠在墙面旁边，要预留手臂操作的空间。厨房出入口、餐桌最好与主动线保持60厘米以上的距离，而餐椅与墙面至少保留35厘米以上距离，才方便用餐时出入。

手法 2 善用中岛创造多重使用功能

开放式空间的厨房中岛区，为了充分利用空间通常被赋予复合式的功能，下厨时能作为备膳区也能当作餐桌使用，因此可以利用中岛做双面设计，朝向厨房的一侧可以安装大型家电，另一侧则可规划收纳，以增加使用上的便利性。整个厨房在规划上还需采用统筹管理的方式，以免拉长动线降低工作效率，比如洗碗机应安装于水槽附近。中岛区与其他台面距离需规划在90～120厘米，才能保持使用动线流畅。

[小家放大术6]

巧用弹性隔间，一房变身两房

[针 对 困 境]

想要多一房，又怕空间拥挤

小户型因为空间小，所以在隔断设计上，建议以弹性隔断为主，如：折迭门、推拉门等，通过打开、收合让空间可以更具弹性。若仍担心会有压迫感，则不妨从材质下手，选择玻璃等较为通透的材质，既能达到隔断效果同时又不会感到过于封闭。另外，线帘或者拉帘也可以当成隔断，利用布料的软性特质，软化隔断给人的僵硬感，和实体隔墙比起来也可以让空间感觉较为轻盈。虽然无法改变空间大小，但借弹性元素做隔断，不会占去空间，同时还能做到放大的效果，甚至还能感受到改变所带来的自由度。

图片提供_演拓设计

图片提供_KC design studio

手法 1 利用推拉门、折迭门节省空间

小空间里有门，往往会造成视觉上的封闭、狭小的感觉，但是推拉门与折迭门却能灵活使用空间，依需求拉开或收合，就可以拥有独立空间以及隐秘性，不需要的话，拉开形成开放空间，保持空间穿透感。

手法 2 软性材质作隔断

借布帘、珠帘、纱幔、百叶等软性材质，同样可界定空间属性，并具备视觉穿透的效果，在空间中不易显得沉重、狭隘，反而突显一股柔和的氛围，不需使用时可直接收起，不影响空间的交流融合。

案例

01

隔间使用推拉门，空间开阔视野好

问题点 公共厅区显得狭窄拥挤，两间卧室的空间也都不大

房主需求 只需要1室1厅，希望空间可以宽敞且富有弹性变化

这套小房的房主为一对年轻夫妻，他们原本以租房的形式在此居住过一段时间，因此对房屋的状态十分了解，两人对空间的需求也很明确：希望公共厅区能开阔一些，原本的2室1厅可以调整为1室1厅，必须保证基本的收纳，同时还渴望拥有小型更衣间。

设计师对上述的需求予以整合之后，提出以“两道大拉门”的隔间划分作为主轴，客厅与主卧、主卧与书房皆采用弹性的推拉门，让房主可以根据不同的时机，决定公私区域的独立与开放程度。由于推拉门开放程度大，当使用者只有夫妻俩时，客厅与主卧可完全连通，甚至演变为回字形的自由生活动线。除此之外，介于主卧与书房之间的更衣间，随着门片的开合使用，可以是与主卧串联或独立分开使用的更衣间。日后书房亦可弹性变更为婴儿房，将推拉门维持开启即可与主卧连通，方便就近照顾。

原本较为迷你的卫浴间虽未调整，但在隔间局部搭配玻璃砖材质，不但提升了明亮度，对餐厨和卫浴来说都有化解压迫的效果。至于色彩部分则维持灰与白的呈现，墙面与较低天花处，甚至是柜体表面皆刷饰聚乐土，地坪则是无缝灰色系的PVC地板，透过单纯的色系运用，使空间看起来自然又宽敞。

面积 / 49.5平方米　**家庭成员** / 夫妻2人　**格局** / 客厅、厨房、餐厅、主卧、书房、卫浴　**建材** / PVC地板、聚乐土、木皮、玻璃砖

图片提供_肆伍设计

Ⓐ 灰白系素材呈现简约设计

以房主喜爱的简约灰白基调为主轴，地坪搭配无接缝的PVC地板，墙面则是选用带有些许手感的聚乐土刷饰，这种材料相较水泥粉光不易有起砂问题，又具备防潮性。

Ⓑ 架高床架争取收纳功能

主卧室采取架高方式规划床架，除了床垫底下隐藏收纳空间之外，架高侧边同样有深度达75厘米的抽屉可使用，为小户型增加使用平效。

Ⓒ 弹性推拉门创造自由生活动线

将原有隔间门、卧室门以推拉门取代，位在两房之间的更衣间、书房都可以根据推拉门的开合，决定独立或与主卧室连接。当空间在没有墙面的阻隔之下，光线、空间感自然都会加倍提升。

D 吧台餐桌整合释放空间感

简洁的台吧设计兼顾操作台和餐桌，由于空间有限，除了不做天花板吊顶释放高度，左侧餐柜立面也特意延续墙面的聚乐土材质，以降低压迫感，除此之外，当推拉门完全打开时，空间感也更为宽敞。

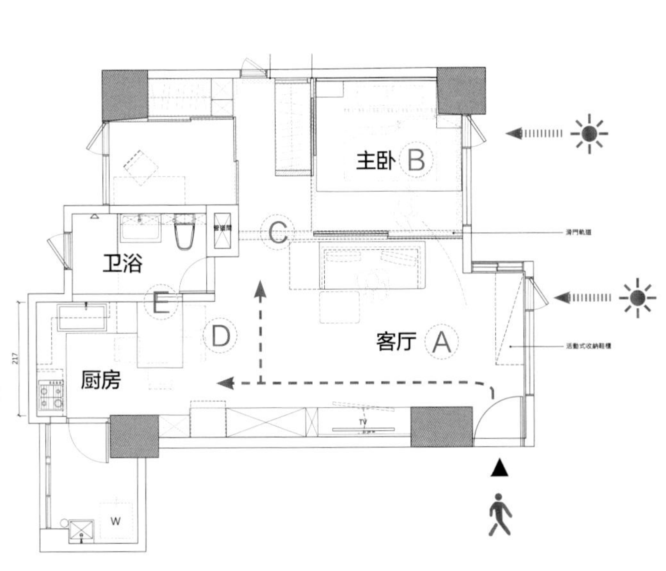

E 玻璃砖墙提升光线化解压迫

餐厨与卫浴的隔间，局部拆除使用玻璃砖材质，除了可提升空间的明亮度，对较为狭窄的餐厨来说，也有化解压迫感的作用。

案例

02

主卧、儿童房空间1+1，灵活隔，断陪伴无忧

问题点 **原始格局不符合生活需求，空间未充分利用**

房主需求 **小朋友年纪都还很小，希望晚上能方便照顾**

一对有2个学龄前儿童的夫妻，在小朋友仍需要长时间照顾的前提下，卧室格局的重点似乎就不是“有几房”那么单纯，而在于卧室之间往来的便利和弹性。从长远需求出发，卧室以“1+1”的概念规划，现在的一间大卧室今后可隔成主卧和儿童房2个空间，中间以折迭门分隔但仍有各自独立的出入口。目前可方便爸爸妈妈晚上就近照顾，等小朋友稍微长大些也可以拥有自己的空间。卧室走道距离以及房门尺度刻意加宽，让大人的行走动线和小朋友的游戏空间更为宽敞。

空间格局经过调整后让公共区域更为方正完整，不但包含客厅、餐厅同时还兼具工作区。以整体概念考虑的收纳柜体也很有型，从玄关延伸至客厅的收纳柜有整齐而漂亮的线条，再刷成浅蓝色在视觉上有创造出空间深度的效果。整体空间可以看到设计师对线条的掌控，柜体的古典线条与怀旧人字拼木地板协调融合，让空间不拘泥于某种风格框架，充分展现出丰富而多元化的面貌。

面积 / 66平方米　**家庭成员** / 夫妻+2儿童　**格局** / 客厅、厨房、餐厅、主卧、儿童房、阳台　**建材** / 木作、超耐磨地板、花砖

图片提供 _ 六相设计

通过格局重整让整体空间获得绝佳采光

Ⓐ 调整卧室位置创造方整公共空间

2间靠窗并排的卧室，重新规划后形成一半公共空间一半卧室的方整格局，消除不必要的走廊空间后，光线更能充足而均匀地洒满角落，公共空间可利用的范围也更完整。

充分利用公共区域整合工作区

房主有在家工作的需求，因此利用公共区域创造出一个复合式空间。这个空间将书桌与柜体整合，开放式设计能让房主与家人保持互动。

Ⓑ 复合收纳柜浅色调加强空间深度

柜体设计在小户型空间扮演复合式的功能，兼具鞋子与杂物的收纳功能，迷人的蓝色能引导视觉，创造出深度空间的效果。

Ⓒ “1+1”卧室满足照顾需求

考虑到学龄前小朋友夜间需要照顾，因此以大卧室1分为2的概念规划，保有各自独立房门，轻易打造出2个独立空间，并精算尺度留出较宽阔的走道和门宽，让小朋友能自由穿梭跑跳。

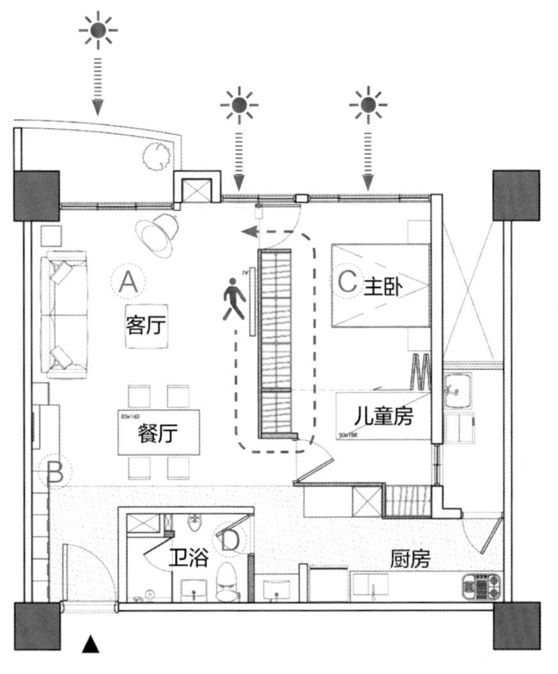

Ⓓ 移除浴缸提升卫浴空间感

重新调整卫浴入口位置与设备配置，将原先配备的浴缸改成淋浴间，空间变得利落宽敞。

案例

03

打掉墙面展开视野，以材质区分空间层次

问题点 原有封闭式厨房挡住了入口视野

房主需求 希望良好的采光及景色能在宽敞的空间充分展现

住宅外部的环境同样是影响室内设计的重要因素之一。这间房的主要窗口正好面向景色优美的河滨，因此房主希望光和景能在空间有良好的发挥。设计师的提案是尽可能放大公共空间，并保留使用的灵活性及弹性，以符合单人居住的生活状态。

设计师采用几个重点手法放大空间，首先移除不必要的隔间，将原本挡住进门视野的厨房墙面及多余次卧移除以延展视野，接下来利用开放式厨房创造重迭使用的区域，让客厅、餐厅与厨房成为享受居家生活的重要区域。厨房与客厅、餐厅被水泥粉光与木质地坪明确划分却不影响动线，空间也因动线的灵活自由而产生了宽阔感。

除了格局及动线之外，再搭配复合式柜体设计，使电视墙整合收纳及红酒收藏功能，有限空间更能有效利用。柜体以马赛克砖、水泥粉光、染白木皮等多种材质层层堆迭，在赋予充足功能的同时又不失美感造型。卧室规划着重比例调整，稍微挪移隔间让主卧放大，相邻的客房兼具更衣室的功能。天花嵌灯依照区域所需整齐而错落地配置光源，描绘出简约而不单调的优雅空间。

面积 / 79平方米　**家庭成员** / 1人　**格局** / 客厅、厨房、餐厅、卫浴、主卧、客房　**建材** / 染白木皮、水泥粉光、文化石、马赛克砖、铁板烤漆

图片提供_KC Design Studio

统一材质，简化视觉，空间

Ⓐ 美感与功能兼具的复合柜体

在重迭使用的区域里也必须考虑柜体的使用功能，邻近厨房的电视柜除了基本收纳之外，还整合了红酒收藏的功能，柜体同样采用复合材质设计，将马赛克砖、水泥粉光、染白木皮层迭使用，使空间具有整体性。

Ⓑ 打开隔间创造重迭使用区域

为了让进门后视野开阔无阻，设计师保留厨房原本位置仅移除挡住视野的墙面，与客厅相邻的次卧也被打开，使厨房与客厅、餐厅共同构成的公共空间更加开阔。

Ⓒ 邻窗卧榻畅享明媚河景

设计师顺着空间轮廓规划区域，由于客厅主窗面向景色优美的河滨，因此尽量让大开窗引入充足的自然光，并沿着窗边规划一处卧榻，让阳光、微风和书本营造生活的闲情雅趣。

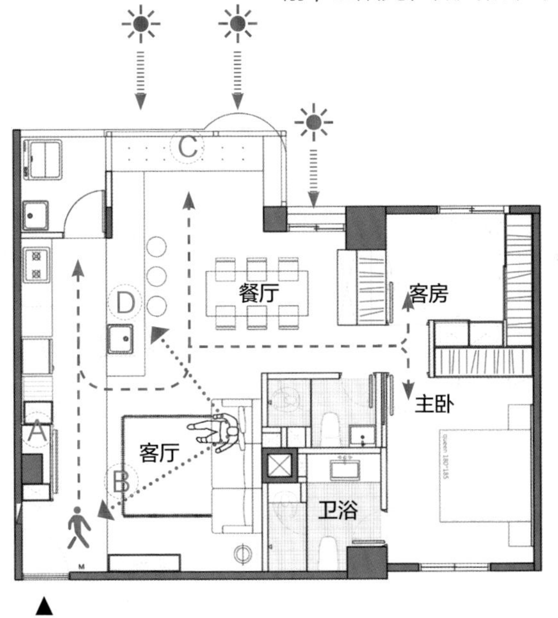

▲

Ⓓ 双向中岛满足多区域需求

移除原有厨房隔间墙后增设中岛区，这里不仅能作为下厨的工作平台，同时也可扮演吧台、餐桌或者阅读桌等角色。双向储物设计使中岛成为一个满足多重区域使用需求的收纳柜。

案例

04

神奇45度设计放大空间，大胆配色营造后现代风格

问题点 20年老房空间昏暗狭小

房主需求 希望有宽敞的活动空间能放松身心

房主原本希望拥有70平方米空间，各种原因之下最后购入只有50平方米的小户型，但设计师保证创造出超过实际面积的空间感。然而20年老房存在着隔间不当、空间昏暗等问题，无论是在理性的格局动线还是感性的风格色调方面，设计师都依约重新赋予了这个空间崭新的居住体验。

除了移除厨房墙面展开公共区域之外，“45度角”同样是放大空间的关键。空间保留2卧室居住需求，并通过房门位置的调整界定适当的公共区域使用范围。主卧室门、电视柜以及天花板皆以45度呈现，呼应原始空间的轮廓，通过简单的角度变化，使水平面具有引导动线的效果，同时制造拉高垂直空间的错觉。颜色运用也采用诱导视觉、放大空间的元素，设计师在主墙面大胆使用鲜明的紫色，部分墙面采用沉稳的暖灰色，两色相互协调，营造出时髦却不夸张的氛围。设计师刻意营造较暗的入口过道，让进门被压缩的视觉在踏入公共空间后瞬间被鲜艳的色彩放大。房门被隐藏于木作面板装饰的主墙之中，推开门后即是以木质营造出的简约温暖气息，通过空间的情境转换给主人以身心舒展的感觉。

面积 / 50平方米　**家庭成员** / 2人　**格局** / 玄关、客厅、厨房、餐厅、卫浴、主卧、次卧　**建材** / 天然实木皮、进口木地板、烤漆、木作面板、进口超耐磨地板

图片提供_元均制作

Ⓐ 运用45度斜角设计伸展空间

主卧室门墙面与电视柜以45度斜角相呼应，能引导动线进入主空间，客厅空间没有因为转角而被破坏反而更为完整。同时保留天花高度，仅以45度斜角包梁，向上倾斜的角度也能产生挑高空间的作用。

Ⓑ 移除厨房墙面展开公共空间

将原本狭小厨房的墙面移除，公共空间的活动范围得以延展扩大，并利用后阳台空间放置冰箱，让活动空间不会被冰箱占据。

Ⓒ 隐藏门让视觉更加整齐

主卧和次卧室门皆隐藏在板材造型的主墙之中，完整的墙面保持整体空间的平整性同时维护隐私，而上下被切割的板材造型像是往地面和天花板延伸，再次诱导视觉，拉高空间感。

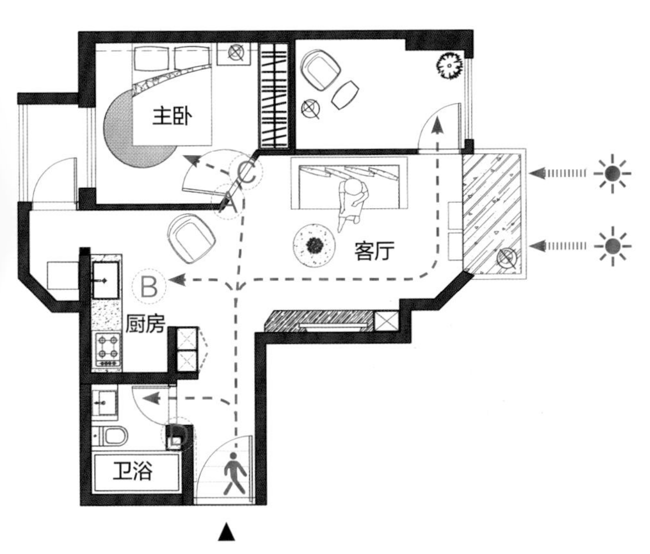

Ⓓ 暗色玄关走廊压缩视觉

空间主墙采用鲜明的紫色，设计师刻意压低玄关走廊的色调，让人从玄关踏入主空间看到明亮颜色而有豁然开朗的感觉，用色彩和光线反差创造空间放大的视觉效果。

案例

05 减法设计让狭长老房展现个性

问题点 屋型狭长，中段采光不佳，厨房在角落使用不方便

房主需求 从自身需求着手将83平方米老房改造成1人居住的自在空间

狭长形的老房子，同样存在仅有前后采光的老问题，原本3房格局使空间采光严重不足，还形成一个不好运用的无窗暗房，实在不是理想的居住空间。

房主本身就是室内设计师，于是根据自身需求重新布置空间，大刀阔斧地将3房改为1房，厨房也整体从角落移出，和客厅、餐厅配置在同一区域。在空间配比上，主卧只规划出基本的睡眠空间，其他大部分空间都留给公共区域使用。交错配置的隔板设计使开放式书墙成为公共空间的抢眼背景。移出的厨房仍位于转角凹陷处，墙面使用具有反射特性的镜面不锈钢，可消减暗处的压迫感，同时还有放大厨房空间的效果，清洁也相当容易。

公私领域以微透光的玻璃拉门区分，主卧和卫浴分别在走廊左右。主卧运用2扇拉门串起动线的自由度，更衣间的镜面拉门同样延伸空间视觉。整体空间以白色和黑色表现，地坪则采用水泥粉光带来质朴的灰，纯粹的色彩、简单的空间设计不但整合了空间风格，而且透露出房主独特的个性。

面积 / 83平方米 **家庭成员** / 1人 **格局** / 客厅、厨房、餐厅、主卧、卫浴 **建材** / 水泥粉光、烤漆、镜面不锈钢、长条玻璃、明镜、雪白银狐大理石

图片提供_邑舍室内设计

A 将暗房改为主卧的更衣间

原始户型狭长，空间采光不足，中间还有无窗户的暗房。重新规划为一间大主卧，双拉门设计创造自由无拘的行走动线；更衣室的镜面拉门除了当作穿衣镜使用外，也有放大空间的效果。

B 厨房往外移与客厅、餐厅规划在同一区域

原本位于角落暗处的厨房与餐厅之间的动线拉得太远，将厨房移出与餐厅、客厅构成一个多元的公共区域，并采用镜面不锈钢材质，消减转角凹处可能产生的阴暗感并有放大空间的效果。

是收纳也是艺术，不摆书的收纳墙，替单纯的空间增添许多趣味

C 大面书墙延展空间视觉深度

沿着客厅墙面铺设的大面积书墙连接客厅、餐厅，黑白色交错的配置营造出层次错落的趣味，并有引导视觉延展空间的效果，开放式的设计能依居住者生活习惯界定收纳功能。

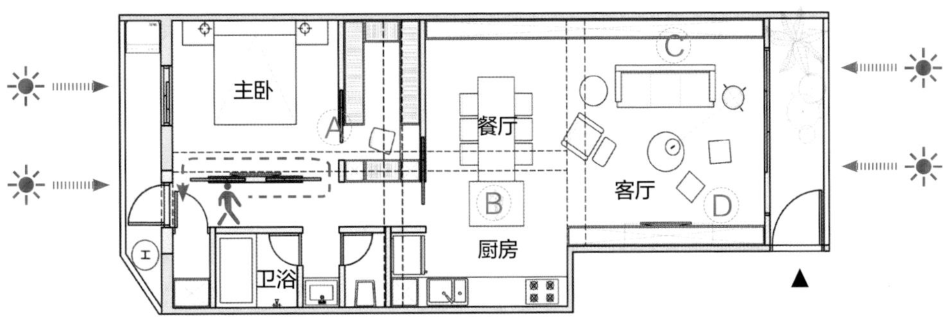

大型收纳墙，以隐藏式门板与纯白色来呈现，满足实际收纳需求，又与空间风格相契合

D 配置较大比例空间给公共区域

由于居住人口单纯，因此满足基本的主卧面积之后，将公共休闲区域的面积比例提高，生活的舒适感因此大为提升。

案例 06

挪移卫浴、悬空鞋柜，用穿透开放化解格局的不完美

问题点 原户型格局一进门就是浴室，动线拥挤且压迫

房主需求 想要有2间卫浴，公共厅区的空间能大一点

原户型的格局动线不完美，一进门右边就是卫生间，再往右是封闭的厨房，这样的格局让空间显得很拥挤压迫，所幸房主在与开发商协商后挪移了卫生间。

由于房主夫妻对卫浴的舒适性格外重视，除了客用卫浴之外，主卧室也需要独立的浴室，因此设计师将浴室挪移至卧室区，主卧卫浴采用半穿透的灰玻璃隔间，避免空间被压缩。一方面，开放式L型厨房与餐厅连接，无隔间的视觉延伸，拉大室内的空间感；另一方面，电视墙的造型特意转折延伸至走道，在放大视觉的同时，也带来家的感觉。格局上为了化解进门就一览无余的状况，玄关采用悬空的黑铁鞋柜为分隔，上下镂空维持光线与视觉的穿透。此外，公共厅区并未做吊顶，面对无法避免的消防管线，设计师以黑铁板做出灯槽，喷上一致的色调，透过错综的管线线性模糊消防喷头的存在。

面积 / 76平方米 **家庭成员** / 夫妻+1儿童 **格局** / 玄关、客厅、餐厅、厨房、主卧室、儿童房、卫浴×2 **建材** / 铁件、超耐磨地板、烧面石材、木作烤漆

图片提供_方构制作空间设计

Ⓐ 转角造型电视墙拉大空间感

除了无隔间的设计之外，电视墙面以蓝色造型设计，并转折延伸至走道，达到放大视觉的效果。

Ⓑ 悬空铁件鞋柜带来延伸穿透

玄关与客厅之间以悬空的铁件鞋柜分隔，镂空设计让光线与视线都能延伸穿透。

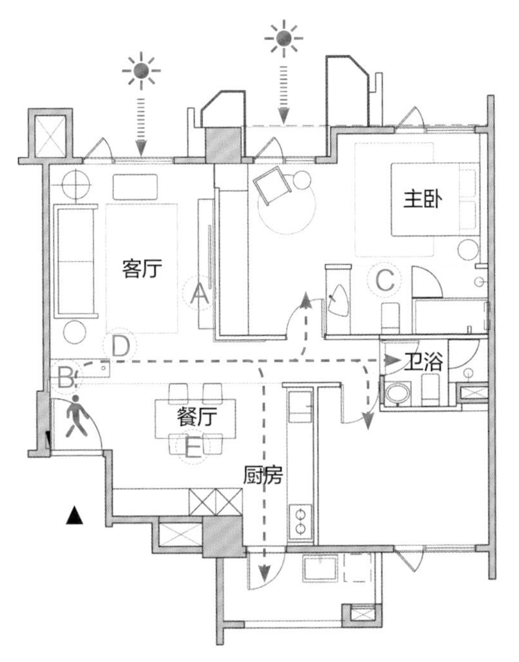

C 半穿透灰玻璃隔间释放空间感

主卧室卫浴空间有限，特别使用灰玻璃材质为隔间，半穿透视觉有放大空间的效果，又不至于全然暴露。

D 黑铁灯槽模糊消防管线的存在

在天花板裸露的情况下，设计师以黑铁灯槽加上一致性的色调，模糊消防管线，灯槽上端为LED灯、下端为轨道灯，让光源更有层次。

E 梁柱抹上水泥粉光创造轻工业感

面对餐厨上端横亘的大梁，设计师特别运用水泥粉光处理，营造出轻工业的结构感。

案例
07

量身定制，打造复合多功能格局的工业小宅

问题点 56平方米隔了两房，空间变得很封闭

房主需求 只有一人居住，希望格局能符合日常生活需求

设计师为了完成房主的开放式居家需求，改动旧有两房两厅格局，打掉一房加装玻璃铁件拉门，作为书房、客房使用。主卧墙面向厨房位移60厘米扩大卧室空间，这样才摆得下房主睡惯的大床；厨房位移，让阳台门置中，居家十字轴动线俨然成形，打造出空间互享、动线自由的灵活小宅。

56平方米居家供一人独住其实绰绰有余，但若是沿用大客厅为主的固有设计方式，并不符合房主的生活模式，过多的功能切割除了让空间显得狭小零碎，使用效率也低。“平常兴趣是弹奏尤克里里，周末休闲则是出门玩生存游戏，朋友到家里做客的概率较低。”在了解房主的生活习惯后，设计师将餐厅作为居家生活重心，中心位置摆上一张装有滚轮的大餐桌，办公、用餐、看电视都能在这儿解决；临窗的起居区利用熊椅装饰，就成了尤克里里的个人独奏区。椅子的黄色与门边对讲机的军绿，巧妙点出房主的休闲兴趣，与周围对比的跳色手法，赋予居家活跃的生命力。

面积 / 56平方米　**家庭成员** / 1人　**格局** / 客厅、餐厅、厨房、卧室、书房、卫浴　**建材** / 水泥粉光、瓷砖、超耐磨地板、油漆、烟熏文化石、水泥粉光（调色）、铁件、玻璃

图片提供_浩室设计

A 书房兼客房复合功能好方便

将原有房间拆除，改成书房使用，特别选择沙发床，加装玻璃拉门，让亲朋好友留宿时马上变身客房。

B 大餐厅模式更贴近房主生活起居

根据居住者生活习惯，跳脱出大客厅思维，以餐厅作为生活的中心场域，搭配窗边沙发休憩区，独到的空间配比，更加贴近房主的日常起居。

开放居家拥有灵活动线

拆除一个房间，隔间墙与厨房位移释放出开放式的公共空间，形成便利的十字轴动线，搭配可自由开合的书房玻璃拉门，方便房主根据不同需求灵活调整。

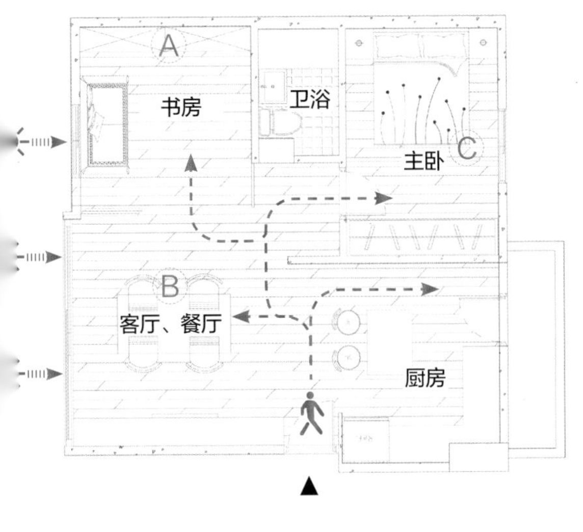

Ⓒ 大床下方平台是居家实用收纳柜

为了摆得下房主睡惯的大床，主卧与厨房隔间墙进行60厘米的位移工程。而大床的下方平台则是可上掀的大型收纳柜，是居家实用的收纳空间。

案例 08

调整格局，创造更完整宽阔的生活空间

问题点 隔间太多光线被挡住，客厅采光不足，空间不好安排

房主需求 重新调整隔间，扩大公共空间，加强采光

房主平时活动大多集中在客厅，而只有46平方米的房子却有2间卧室，这样势必压缩主要活动区域，而且因为卧室与卫浴出口位置安排不合理，形成一个难以利用的过道空间，让平效大打折扣。

为符合房主生活需求，设计师将公共区域功能整合、空间扩大。首先把邻近客厅的一房往里退缩，释放出更多空间与采光给客厅。隔间退至齐梁柱位置，并将缩小后的空间规划为主卧更衣室，让卧室功能更为完整，同时也满足收纳需求。原先的卫浴出口位置，经多方考虑后调整至玄关侧墙处，让面向客厅的墙面得以保留完整，公共区域也变得更加方正好规划。

经过调整后扩大了许多的公共空间，利用一道大理石半墙分隔客厅与书房两种功能，半墙一面为电视墙，另一面则是书桌，动线因半墙形成双动线，顺利化解电视位于走道位置的问题，而刻意不做满的墙面，则让视线有了延伸，空间感觉更加开阔。

面积 / 46平方米 **家庭成员** / 1人 **格局** / 客厅、餐厅、厨房、主卧室、书房、卫浴 **建材** / 雪白银狐大理石、超耐磨地板、文化石、白橡钢刷木皮、黑板漆

图片提供_橙白室内装修设计工程有限公司

A 半墙营造穿透空间感

不以整面墙而是以半墙做规划，让单面采光的光线照亮所有空间，并通过整体空间的浅色系搭配，营造清爽放大的空间感受。

B 利用多种造型让柜体变轻盈

利用一个大型柜体，将所有收纳整合在一起，为避免柜体带给空间负担，规划在靠墙位置，造型则以层板、玻璃门板、高矮柜等组合而成，丰富造型且不会有压迫感。

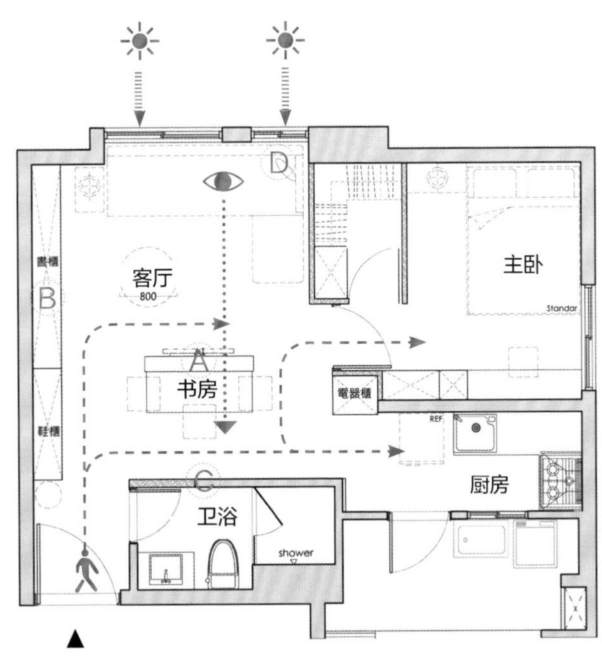

C 变身趣味的涂鸦墙

因卫浴出口更改，多出来的空间规划成读书区，变得完整的墙面，涂上黑板漆就成了涂鸦墙，方便读书时可随手在墙上记事。

D 低彩配色营造减压氛围

整体空间除了自然元素外，皆以低彩度做配色，营造出放松的空间氛围。

案例 09

以创意设计增加收纳，小空间也能温馨又有趣

问题点 开发商提供的空间配置完全无法应付实际的生活需求

房主需求 希望在不动格局的前提下增加收纳空间

新婚的年轻小夫妻看了开发商的样板间后决定购入人生第一套房子，但等到准备入住时才发现样板间只是美好的幻想，完全不符合居住需求，客厅、厨房及卧室收纳空间完全不够。因为房主有2房需求加上预算有限，在不动格局的情况下，设计师以创意发挥小空间的最大价值，并营造出空间的风格和调性。

由于空间面积相当小，规划时必须考虑复合式的功能设计，客厅舍弃原本L型沙发改成简单的一字型，便可以在入口右侧墙面增加收纳柜体，从柜体的设计中就能发现设计师的创意巧思，粗黑线框勾勒出的几何方块带点后现代的趣味感，这里不但具有收纳鞋子及杂物的功能，而且留出充足的穿鞋位置，沙发旁的空格也具有置放杂志的作用。

开放式的厨房，则是要增加厨房用具的收纳，设计师从国外工具墙面板吸取灵感，利用木板等距钻孔搭配木栓与活动层板，打造一面可以自由调整灵活运用的厨房用具墙。因为平面空间有限，于是3.2米高的天花板被做成斜顶造型，小空间因此多了趣味，像森林小木屋般温馨可爱。主卧同样要争取更多的衣服收纳空间，舍弃靠墙一边的床边桌，设计铁框陈列衣架，加装不占空间的卷帘遮蔽，简单又实用。直接拉明线安装灯泡的梳妆台照明也别有一番手作趣味。

面积 / 45平方米 **家庭成员** / 2人 **格局** / 客厅、厨房、餐厅、主卧、卫浴 **建材** / 美杉实木天花板、环保松木夹板、松木洞洞板、黑板漆、白色文化石、黑铁烤漆

图片提供_好室设计

洞洞板设计让收纳更灵活

有下厨习惯的房主夫妻，有许多下厨用具需要收纳，洞洞板结合木桩的创意设计，让收纳也可以灵活又有趣。

Ⓐ L型置物平台增加电器放置处

利用后方转角墙面沿着窗缘下方规划L型置物平台，家电使用上更为顺手方便。

Ⓑ 入口处打造多功能柜体

考虑到平时生活习惯，入口处设计复合式的木作柜体，在柜体上留出开放空间作为穿鞋椅使用，其他部分则能收纳客厅杂物。

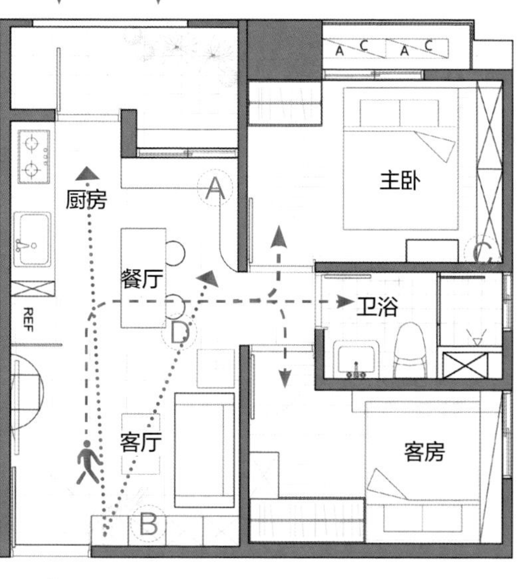

C 开放式衣柜提升衣服储藏量

为了让男主人也有衣服收纳空间，取消了床头柜，使用铁件设计开放式衣柜，以卷帘作遮蔽节省空间。

D 附轮活动柜与活动家具提升空间使用机动性

由于预算有限，且房屋面积又不大，因此使用附轮活动柜作为辅助收纳，可以随使用需求弹性调整空间，蓝色高彩度色彩选择使空间更活泼。

案例 10 方正格局，斜角设计，创造意想不到的宽阔空间

问题点 空间没有玄关，格局不适合目前居住的生活需求

房主需求 希望舒适的空间中能有一处安静阅读的角落

房主重视生活品质，习惯在小朋友睡觉后享有悠闲的独处时刻，特别要求设计师留出阅读空间，也希望规划玄关作为进入主空间的缓冲地带。原始新屋采光充足、格局方整，但隔间并不符合房主生活需求，设计师打破传统格局，让墙面脱离水平垂直的轴线，反而创造出更宽敞的居住空间。

设计师以偏移23度的墙面创造灵活不呆板的生活空间。设计师表示，斜角设计能延伸出更大空间，以一片60厘米×60厘米的瓷砖举例来说，对角则会有80厘米宽。因此偏移的墙面不但分隔出玄关也未压缩其他空间，整体格局随着墙面角度平行配置规划，公共空间落在宽敞的对角区域，最后在主卧更衣室旁为男主人留下一个静心阅读的小角落，空间虽然位于边角，却通过茶色玻璃让视线穿透不压迫，也能随时观察外界动态。女主人平时会下厨料理三餐，原本开放的厨房反而独立出来，不让油烟影响空间整洁。2间儿童房重新调整隔间，通过共有墙面上增设的拉门，创造小朋友们自在的游戏天地。整体空间以具有质感的木材质营造出自然质朴的格调，简约温润的气息赋予空间轻松的气氛。

面积 / 83平方米　**家庭成员** / 夫妻+2儿童　**格局** / 玄关、客厅、厨房、餐厅、卫浴、主卧、儿童房　**建材** / 超耐磨木地板、杉木实木、黑板漆、老木头、茶色玻璃

图片提供_WW design

Ⓐ 既隐秘又开放的阅读角落

空间顺着斜角墙面规划，为男主人在主卧室留出一个阅读小空间，墙面利用具有穿透感的茶色玻璃打造，让窝在角落的书房隐秘却不会感觉局促压迫。

Ⓑ 23度角斜墙面延展空间尺度

空间通过23度斜墙作为主轴配置空间格局，在入口处分隔出玄关并赋予适当的功能，公共空间则落在整个对角最宽敞的区域，由于家具皆依墙面斜度平行摆设，因此并不影响居住感受。

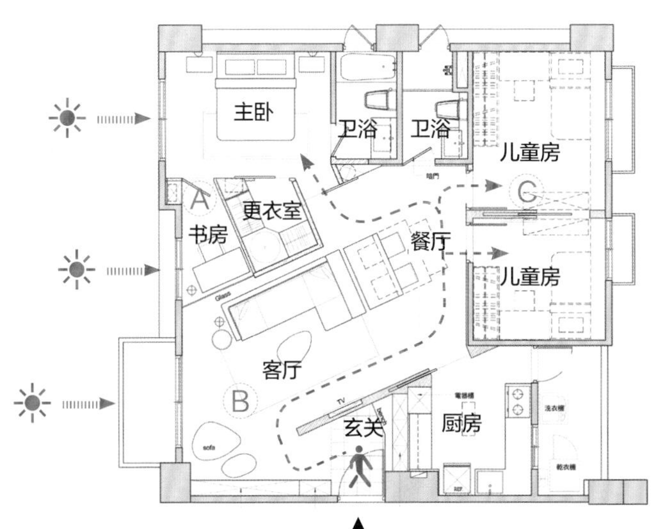

拉高视觉的斜面天花板

进入儿童房的过道以木板搭出具有结构感的斜屋顶，搭配间接灯光创造挑高天花的效果。

C 运用拉门创造宽敞游戏区

2间儿童房，并排相邻的空间有各自独立的出入口，同时也在两者共用的墙面设计拉门，学龄前的小朋友因此有更宽敞的游戏空间。

案例 11

移除隔墙，延展空间尺度，迎接明亮的小家

问题点 采光被房间隔墙挡住，客厅变得很阴暗

房主需求 希望加强客厅采光，并规划出工作区

房主原本是因为看中采光好且视野宽阔才买下的房子，在交房后却发现，房间虽仍保有采光优势，但客厅却因为被房间隔墙挡住，光线变得相当阴暗，而且原始格局配置在室内形成一条过道，造成不必要的空间浪费。

考虑到房主只有2人居住，因此除了主卧保留不做任何改动外，整体空间采用开放式格局设计；位于中间的一房，将原本走道上的隔墙移除后，走道便可纳入使用，另外再将餐厅向厨房方向挪移扩大，使之成为具备书房、餐厅两种功能的弹性空间，运用起来更加灵活。厨房将部分隔墙拆除，但为了隔绝油烟采用玻璃做隔间，玻璃具备的透通特性，让室外的自然光线可以不受阻碍照射进客厅，有效改善客厅采光不足的问题。

经过格局动线的重新调整，原本略显阴暗的空间变得明亮许多，且通过缩小厨房，把原本的走道并入客厅，扩大公共空间面积。木素材与洞石（一种多孔的岩石）结合的大面墙，则形成客厅视觉焦点，为空间带来自然、温暖的感觉。

面积 / 66平方米　**家庭成员** / 2人　**格局** / 客厅、餐厅+书房、厨房、主卧、卫浴　**建材** / 洞石、玻璃、线板、铁件、壁纸

图片提供_馥阁设计

Ⓐ **利用线板化解梁柱问题**

由于梁柱位置过低，因此天花板不做吊顶，以免让屋高变得更低；改以石膏板修饰梁柱，借此争取最舒适的垂直高度。

Ⓑ **洋溢紫色浪漫的简约古典**

整体空间为简约古典风格，卧室墙面与柜皆漆上紫色，搭配简约线板造型，突显浪漫风情。

Ⓒ **原始自然的复合墙设计**

利用木素材结合洞石，打造充满自然、原始风格的复合墙面，靠近大门的是鞋柜，接着就是电视墙，下方则是可用来摆放物品的平台。

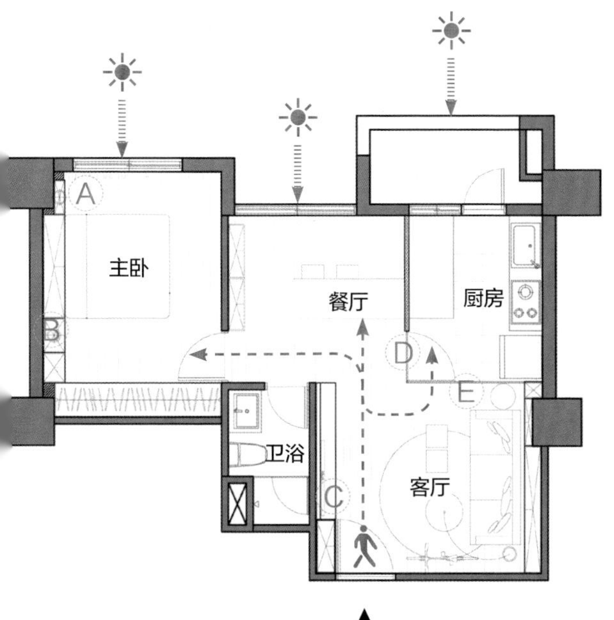

D 玻璃隔断，空间各自使用不受干扰

厨房入口改为玻璃门，适当区隔空间，让身在书房工作的男主人可专心工作。玻璃的穿透特性则让位于厨房的女主人可感受到家人气息，不会感到孤单。

E 相同地坪材质延伸空间感

避免因使用过多材质将空间切割得过于琐碎，因此除了厨房外，全室统一采用人字拼地板，利用相同地板材质串联，延伸空间感，同时也营造整体空间的古典氛围。

案例 12 微调隔间、缩减走道，创造舒适好用的双边厨房与独立储藏室

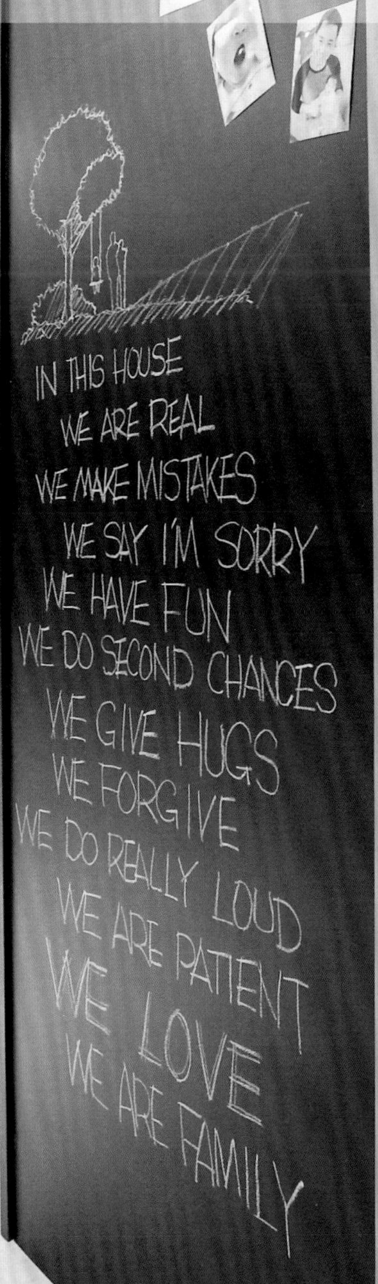

问题点 儿童房、浴室、厨房空间都很小，然而走廊却和厨房一样大

房主需求 希望厨房可以大一点，也想要有独立的更衣室和储藏室

这是一间30多年的老房，室内采光还算不错，可惜的是格局规划得不是很好，儿童房虽然有更衣室，但空间很狭小，浴室仅有3平方米，而且因为曾经改过管线，马桶区域又架高，让洗手台动线更为狭隘；对于每天三餐都下厨的夫妻俩来说，原始厨房也不够使用，然而最大的难题在于，客厅与厨房、主卧室的隔间皆为承重墙无法拆除，只能从调整私密领域、厨卫着手。

于是，设计师将厨卫隔间往后退，让一字型厨房变成双边厨房，对于收纳与电器的陈设都更为齐全。原本儿童房则改为长型结构，但面积并未缩减，加上充分利用原有走廊空间，卫浴获得更为宽敞且流畅的配置。主卧室则是将床区与更衣室位置对调，过去只有45厘米深的衣柜放大为65厘米深的L型衣柜，甚至利用临窗面规划抽屉式衣物收纳区，同时结合梳妆功能，满足女主人习惯站着化妆的需求。此外，主卧室也释放出1.6平方米的空间，创造出完整独立的储藏室，通过对墙面的微调，小户型的每个空间更加舒适又好用。

面积 / 73平方米　**家庭成员** / 夫妻+1儿童　**格局** / 客厅、餐厅、厨房、主卧、儿童房、浴室、储藏室　**建材** / 塑胶地板、乳胶漆、栓木、陶瓷烤漆、卡拉拉白大理石

图片提供_日和设计

Ⓐ 双边厨房功能更齐全

将厨房、卫浴之间的隔间墙往后退，创造出功能齐全的双边厨房，让每天料理三餐的夫妻俩使用更便利。

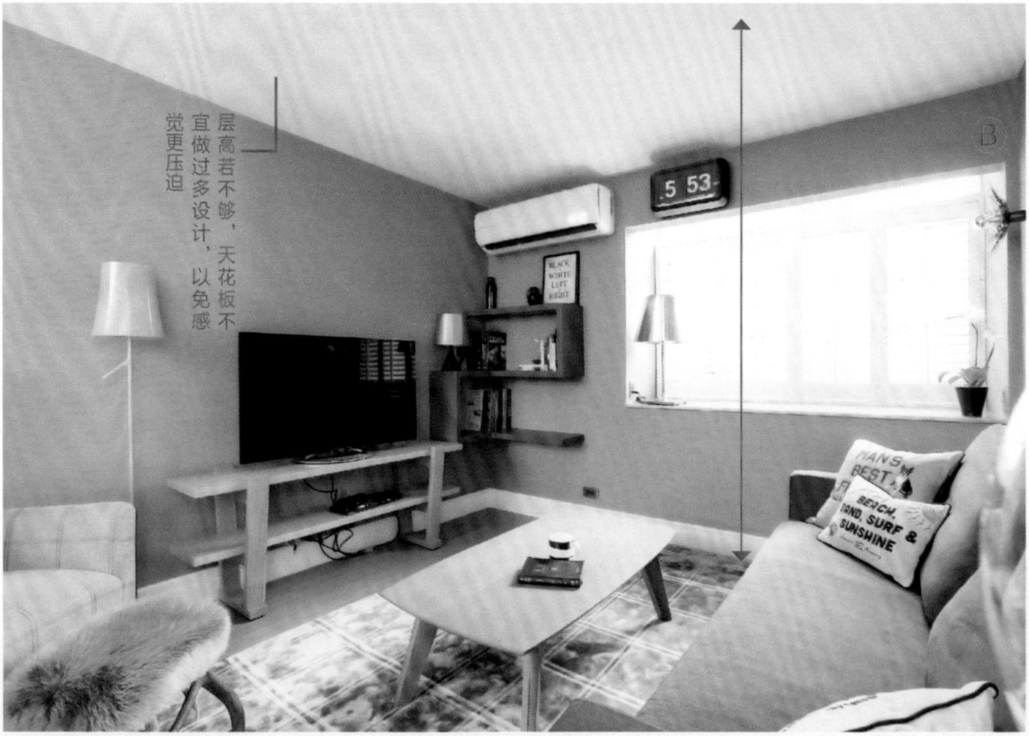

层高若不够，天花板不宜做过多设计，以免感觉更压迫

Ⓑ 平顶天花板确保舒适房高

老房屋高仅为237厘米，梁下甚至只有206厘米，因此全室天花板都是平顶，加上选用厚度较薄的塑胶地板，争取最舒适的房高。

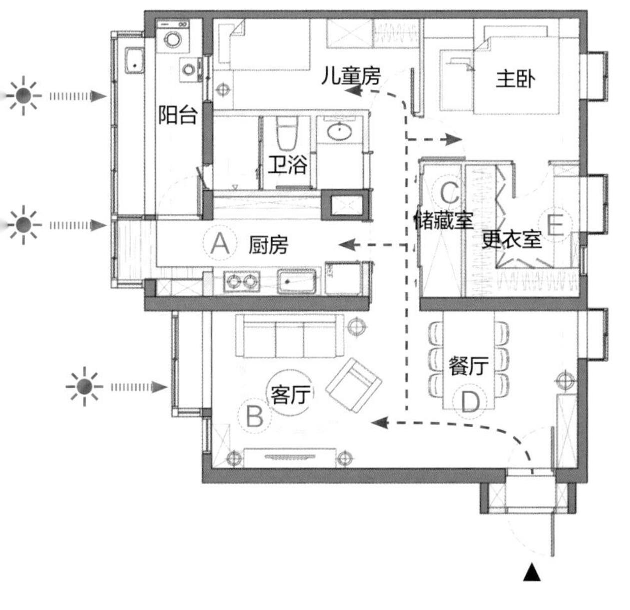

C 主卧释放1.6平方米，变出独立储藏室

主卧室释放1.6平方米规划成储藏室，搭配镀铬铁架分区收纳，小户型通过集中收纳，厅区、卧室就能享有宽敞舒适的空间感。

D 公共厅区整合工作需求

面积有限，就不再硬生生隔出书房，对于偶尔才需要在家办公的男主人，用餐桌替代工作桌，玄关也以活动家具取代，从而获得更宽敞的使用空间。

E 临窗区整合梳妆与斗柜更好用

主卧室更衣室内的面窗区域丝毫不浪费，除了有抽屉式衣物收纳柜之外，还利用结构墙延伸置物柜，便于女主人摆放梳妆用品。

案例

13

打造L型厨房，圆房主与孩子一起玩料理的梦

问题点 有限空间硬挤出3房，厨房封闭狭窄放不下冰箱

房主需求 想要有个大厨房和孩子一起玩烘焙，还要能收纳各种电器

这间69平方米的新房，最大的问题就是隔间太多，硬是隔出3房，而且厨房空间有限，如果再摆上冰箱，就更为拥挤。客用卫浴显得较为宽敞，因此格局调整是此案的首要任务。

根据各空间对房主的重要程度，设计师将客用浴室缩小，厨房隔间墙拆除并向外延伸规划为吧台，浴室的退缩带来可安置冰箱的空间，一字型厨房变成L型厨房，妈妈和孩子有了宽敞的料理台面能揉面团、烤饼干，餐厨旁的烤漆玻璃还能留言、画画，公共厅区也因为格局微调产生延伸开阔的视觉感受。除此之外，原有3房也拆除为2房，主卧室扩大后拥有了独立的更衣室，方便收纳各式衣物、行李箱等，更衣室的另一侧还规划出走道展示柜与收纳柜的功能。客厅与主卧室的隔间同样取消，透过双面柜的概念区隔空间，同时又能产生电视柜、主卧床尾储物柜等多元又丰富的收纳功能。

面积 / 69平方米　**家庭成员** / 夫妻+2儿童　**格局** / 客厅、餐厅、厨房、主卧、儿童房、浴室x2　**建材** / 木作喷漆、仿古砖、磁性烤漆玻璃、实木复合地板、人造革软包

图片提供_幸福生活研究院

Ⓐ 双面柜作隔间，收纳更多

客厅隔间墙拆除，转而利用柜体取代隔间，好处是能在有限的空间内创造丰富的收纳，包括走道展示柜也是利用更衣室双面柜规划而来。

Ⓑ 隔间拆除，创造L型厨房

取消原有厨房隔间，向外延伸为L型厨房，侧边以吧台半隔离，可遮挡开放式厨房的凌乱感。

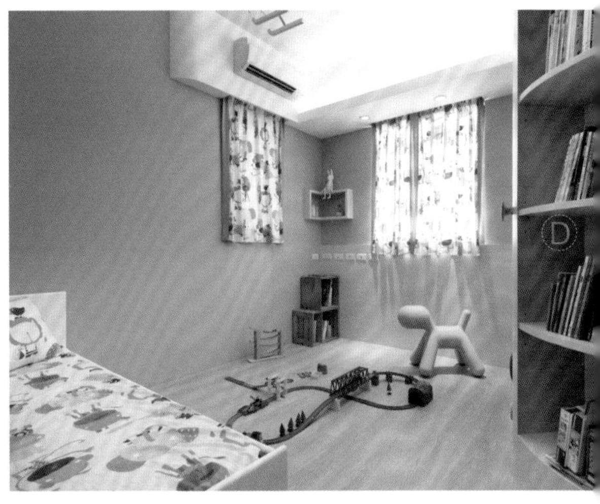

Ⓒ 床头假柱变收纳

新房原有的假柱结构与大梁，经过设计师规划之后巧妙成为收纳，床侧、床头皆可使用。

Ⓓ 弧形书柜让动线流畅安全

儿童房入口处以弧形书柜结合衣柜为设计，弧形线条能让动线流畅、视觉有放大感，另一方面对幼儿来说也较为安全。

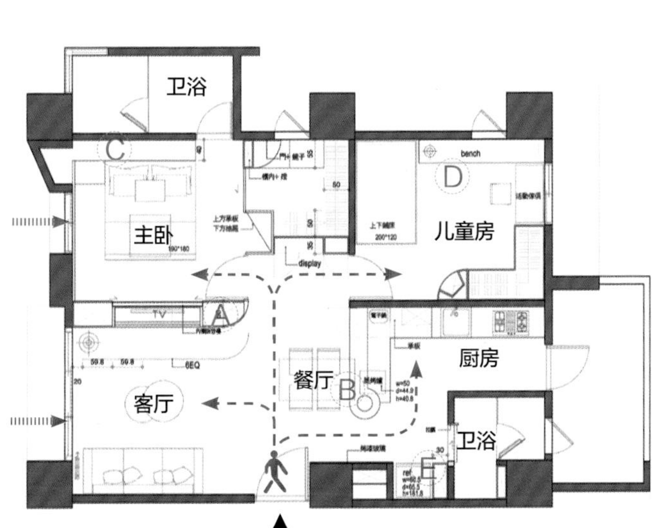

Ⓔ 浴室退缩藏冰箱

将厨房旁的卫浴往内退缩，释放出来的空间正好能放置冰箱，以及增加侧拉储物柜、上方收纳柜。

案例
14
拿掉隔墙，迎来光与风，小空间变得更舒适

问题点 隔出2间大房，其余空间反而变得过小不好用

房主需求 希望空间可以符合生活需求，并呈现出让人感到放松的氛围

本案看似格局方正，但勉强隔出的2间大房压缩了卫浴空间，不只使用时相当局促，也因格局配置关系形成过长走廊，造成动线迂回、空间浪费，而且原本2面采光的优势，也因光线被房间隔墙阻挡，浪费了难得的采光条件。

考虑只有房主夫妻2人居住，2间大房并不符合使用需求，因此设计师将过小的卫浴往次卧方向扩大，让卫浴空间变得更充裕，缩小的次卧则从原本隔墙位置略微向内缩，并拆掉实墙强调整体空间的开放感。没有实墙的阻碍，光线可顺利引入室内，大幅降低小户型给人的狭隘感；此外，通过次卧内缩，让出一个方正可利用的空间，正好摆放原本怎么摆都有点尴尬的餐桌，并顺势与厨房串联成一个舒适、方便的餐厨空间。

由于房高只有3.2米，因此天花板不再多做设计，以保留让人感到舒适的垂直高度；主要公共区域减少过多设计，以浅色调作为空间主色，营造放松的氛围，同时通过色彩降低大型柜体重量感。整体空间原本就属狭长形，在无法改变宽度的条件下，利用靠墙打造的长型木作柜延伸视觉，强调空间深度进而达到视觉放大的效果。

面积 / 63平方米 **家庭成员** / 夫妻 **格局** / 客厅、厨房、起居室、主卧、卫浴 **建材** / 铁件、木作、折迭窗、硅藻土、壁纸、榻榻米

图片提供_晨室空间设计有限公司

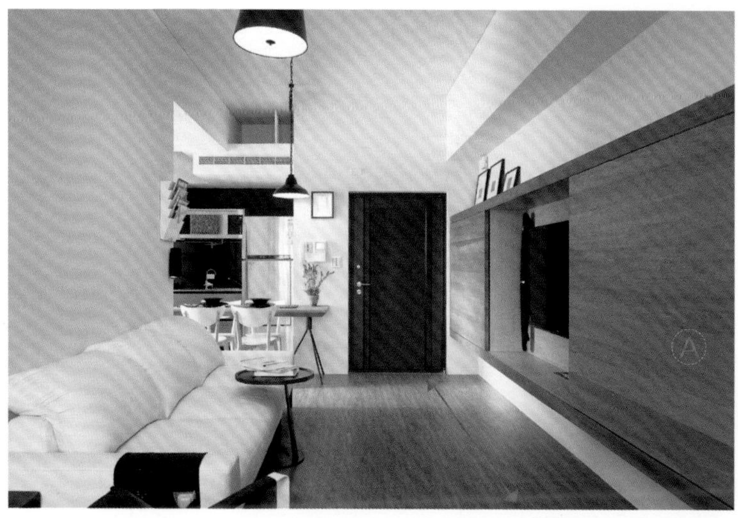

Ⓐ 以家具取代隔墙界定空间属性

为避免因实体隔墙让空间变得封闭，用家具为狭长形空间做区隔，保持空间的宽敞，也让空间使用更具弹性。

Ⓑ 悬浮柜体营造轻盈感

具备收纳功能的柜体，上下特意留白不做满，以此降低大型柜体给人的压迫感，前中后段依据空间属性做收纳，最末端以开放性波浪形层板增加视觉变化。

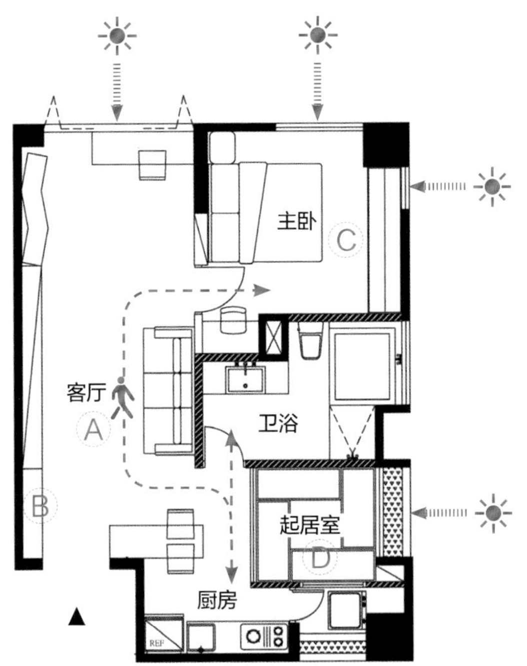

Ⓒ 结合梁柱创造收纳

利用包覆梁柱的厚度，打造结合收纳的床头板，上半部则利用色彩营造视觉焦点，化解床头压梁的禁忌。

缩小的一房架高成为弹性起居室，下面则是拉抽式收纳空间

Ⓓ 拆掉实墙让光与风在室内流动

原本的一间大房缩小，拆掉实墙后靠近前段的玄关空间不再阴暗，且能享有绝佳采光，而且没有实墙阻隔，空气得以顺畅对流，让人住得更舒服、自在。

案例
15

改变动线，调整格局，发挥挑高与采光优势，老旧小房瞬间变身通透大居室

问题点 挑高夹层全盖满，空间变得拥挤又阴暗

房主需求 善用原有优势，打造成明亮又舒适的度假小宅

沿着山坡建造的房子，面积虽然不大，但拥有方正的格局、绝佳的采光和挑高的空间，照理说应能打造出舒适的居家空间，可惜因为夹层盖满，让整间房子感觉很压迫，采光被楼板和隔间挡住而显得相当阴暗。除此之外，配置在中间位置的楼梯，也让空间变得零碎难以使用。

为了改善阴暗、格局不佳的状况，设计师最先做的就是拆除临窗面的夹层，借此释放原本挑高与采光的优势，发挥出3.9米层高的挑高空间感，营造开阔感受。而没有了楼板的遮蔽，从大面窗洒落的自然光线照亮全屋，一扫原先阴暗空间印象。随着夹层拆除，原本横亘在中间的楼梯顺势移至侧墙，最主要的公共区域因此变得更为方正、完整，也一举解决了因配合楼梯安排而产生的格局零乱动线不顺问题。

将厨房、客厅、餐厅整合于公共空间，如此复合式的空间规划可让动线单纯化，避免不必要的实体隔间，保留空间的开阔感。

面积 / 50平方米　**家庭成员** / 夫妻2人　**格局** / 客厅、厨房、主卧室、卫浴×2　**建材** / 水泥粉光、马赛克砖、铁件、文化石、复古砖、仿大理石瓷砖

图片提供_澄橙设计

斜顶天花板延伸垂直空间感

在屋顶正中间刚好有一根大梁，利用木板加铁件打造斜顶天花板，化解压梁禁忌，又无损空间开阔感。

Ⓐ 磨砂玻璃隔屏，透光又具现代感

磨砂玻璃隔屏界定出玄关空间，虽然位于夹层下方，但轻透的玻璃材质可让光线穿透，一点也不会让人感到狭隘、阴暗。

Ⓑ 穿透设计，降低空间压迫

楼梯镂空设计，夹层空间利用开窗、清玻璃隔间等具穿透感的设计手法让视觉可以延伸，从而降低空间压迫感。

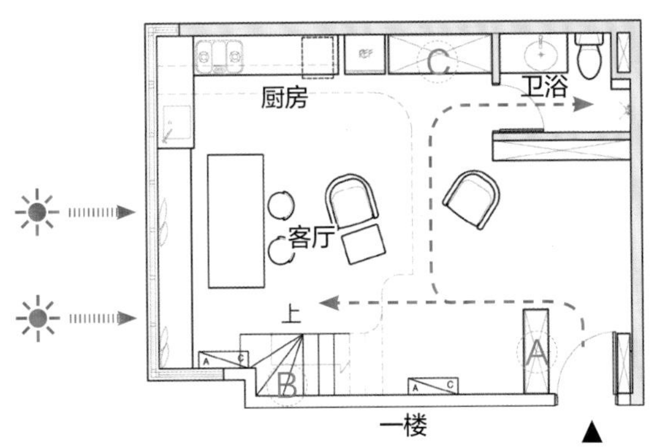

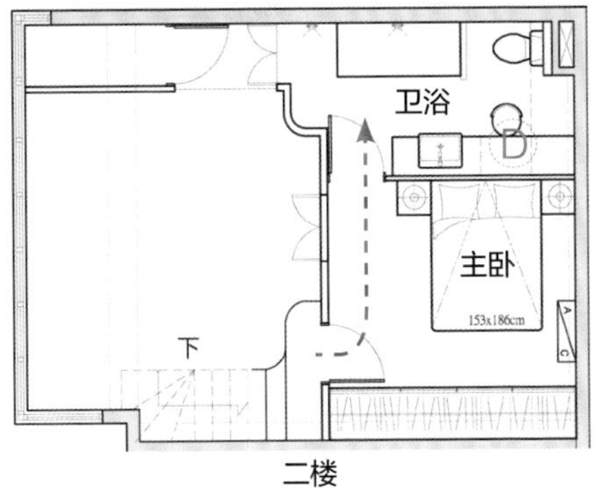

C 收纳做整合，让小空间更利落

利用夹层与梁柱空间打造大型收纳柜，将收纳功能整合在一起，其余空间就不需多做收纳安排，空间线条看起来也会更清爽、简洁。

D 梁下零散空间化身好用收纳空间

无法避开的梁柱，利用包覆梁柱深度创造意外收纳空间，门片贴上镜片，借镜子反射效果让视觉延伸，有效降低柜体沉重感。

[创意集锦]

小户型格局动线规划妙招

空间小，就更需要在格局动线上具备巧思。如何应对小户型中既要做对格局规划不浪费面积，又要符合个人生活形态的现状。建议先从自己的生活方式、习惯考虑。空间与生活有了结合，住起来就会舒适。

图片提供_十一日晴设计

妙招1/ 创造复合空间，让工作生活两不误

当居家空间必须配合工作性质来规划，在小户型有限的面积中很难拥有独立工作区时，不妨从多功能角度入手，创造工作与生活结合的复合空间。

妙招2/ 善用材质转换空间功能

储藏室、厨房隔墙和门板外部材质均使用镜面，创造出长达4米，高度达2.2米的大面积镜面，不仅让餐厅可变身专业舞蹈练习室，同时明镜也会让空间产生放大效果。

图片提供_力口建筑

摄影_沈仲达

摄影_沈仲达

妙招3/ 利用高低差界定空间

全开放的设计让客厅、餐厨区及工作区没有明显隔断，只以水平高低落差，将工作区明显区隔出来，空间维持开阔，动线也能互不干扰。

图片提供_橙白室内装修设计工程有限公司

妙招4/ 工作、用餐、休闲，一个空间全搞定

打掉大部分隔间，将客厅、工作区及厨房整合成一个区域，18平方米小公寓变得既宽敞又不失互动性。

图片提供_甘纳设计

图片提供_甘纳设计

妙招5/ 是生活空间也是工作空间

特别将光线最好的靠窗位置留给与顾客洽谈的会议桌（也是平日用餐的大餐桌），利用旋转门做分隔，办公区因而不显局促，户外阳光也能穿透到办公区。

图片提供_KC design studio

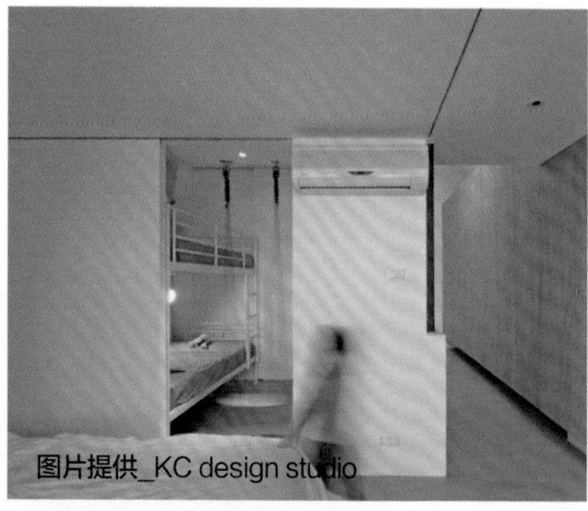
图片提供_KC design studio

妙招6/ 360度无阻碍的回字形动线

主卧、儿童房、浴室位于同一区域，彼此的开放关系，使动线以儿童房为中心环绕，既能增加空间的便利性与趣味性，也能满足儿童成长各阶段的照顾与互动。

妙招7/开放式空间用颜色分区

公共厅区以灰白、木色为主，卸下隔间的厨房特意带入灰色，突显空间层次。

图片提供_甘纳设计

图片提供_幸福空间研究院

妙招8/ 可随意组合空间的背景墙设计

以活动推拉门当成沙发背景墙，可视状况拉上分隔公私空间，是相当实用的弹性设计。

图片提供_邑舍室内设计

图片提供_邑舍室内设计

妙招9/ 回字形动线串联公私领域

书房和练舞室置于正中央，在空间中形成回字动线，实现360度自在穿梭。

妙招10/用收纳区隐性界定空间

在长型格局中，让收纳集中在单侧长墙上，墙上恰如其分地切割出与卧室、客厅、书房相对应的实用收纳区，并以此隐形界定空间。

图片提供_蓝点子创意设计

图片提供_甘纳设计

图片提供_甘纳设计

妙招11/以电视墙为核心的环绕生活动线

以电视墙和三道推拉门界定卧室、书房、公共厅区的关系与宽敞度，加上整合柜体、错落层迭的书架、窗台，赋予空间完整且多样的形态。

INTERIORS
Le mystère
l'éclat

Chapter 2

善用色彩和建材，小家视觉更宽敞

小户型，这样做瞬间变大

空间太小又要隔出3房，隔墙自然多，剩余的公共空间也容易陷入被隔墙围绕，缺乏采光的困境。想让光线毫无阻碍地进入室内空间，除了开窗之外，还可利用穿透材质将光线引入。

[小家放大术1]

半开放、开放设计，减少隔墙迎进光与风

[针 对 困 境]

隔墙太多，空间又小又暗

在规划隔间时，必须考虑居住人数，以及各个空间的使用面积是否合理。居住人数较少，可视情况删减房间数量，若有需要可加强房间功能，让一房有多种用途。尤其是小房子，客厅、餐厅和厨房是经常走动的地方，使用频率高，建议采用无实墙分隔的空间或是可弹性移动的门板，才不会显得拥挤压迫。有些隔断可采用穿透式隔间设计，例如玄关与客厅的分隔，铁件结合格栅的做法，或是采取柜体悬空的设计，有隔而不断的效果。而当隔间太多但又需要收纳时，不妨运用整合性隔间或双面柜设计手法，既可省空间又能实现收纳功能。

图片提供_橙白室内装修设计工程有限公司

上半部采用玻璃，加强隔间效果又增添通透感

手法 1　半墙设计，保持视觉宽敞感

居家动线应该呈现视觉的开阔感，才能突显舒适的气氛，特别是小户型的空间，建议墙面不要做满，半墙不易让人感到压迫狭隘，半开放式设计又可满足家人互动，维持空间开阔感。

手法 2 弹性推拉门，兼顾隐私与空间开阔感

空间小不适合做实墙隔间，可随意开放或拉起的弹性推拉门，能依照需求转换独立或开放空间。比如餐厅的主墙采用可移动的黑板漆门板，当有访客，需要隐私的状态下，拉上门板可以让书房、卧室具有隐秘性，不用的时候又能集中收在餐厅墙面，让空间看起来更宽阔。

图片提供_日和设计

手法 3 穿透屏风，有效开阔空间广度

密闭式的空间容易让人觉得狭窄压迫，特别是在公共厅区的部分，不妨变换隔间材质和形式，比如玄关和客厅之间想要有所分隔，可使用穿透性隔间，例如以铁件和玻璃打造而成的造型屏风，可让视线、光线穿透延伸，达到开阔空间的效果，同时又具有一定的隔断功能。

图片提供_彗星设计

[小家放大术2]

通透镜面材质做延伸，小空间也有大视野

[针 对 困 境]

隔间太多，视线总碰壁

小户型空间往往狭窄拥挤，最担心采光不佳，一旦阴暗会造成更为狭隘的错觉。想让光线毫无阻碍地进入室内，除了开窗之外，还可利用穿透材质将光线引入。清玻璃材质具有视觉穿透的效果，加上质感轻盈明亮，用于空间中将有助于放大整体空间感，并能引导光源均匀分布，为空间带来清爽舒适的氛围。另外，减少实墙可让光线均匀穿透各个空间，再搭配明亮的色彩，就能让空间明亮度大大提升。

图片提供_力口建筑

手法 1 整面镜墙，让空间加倍延展

墙壁装置镜面材质，是放大空间的重要技巧。空间中选一面墙，利用镜面材质来做呈现，透过其折射特性， 能够延展出空间深度，进而达到放大效果。不过墙面要使用镜面材质时，须谨慎考虑，切勿过分滥用，以免干扰视觉，造成反效果。

手法 2 灰玻璃创造延伸的空间感

空间中一道墙选择以玻璃做隔断，可以使原本狭小的环境产生放大效果，同时也能在看似复杂的格局中争取充足的采光，让整体感观变得轻盈。如在卧室和卫浴之间以灰玻璃为介质，不但能让视觉延伸得较远，创造出来的空间感也更为简洁、清爽，更重要的是，灰玻璃也能维护一定的隐私性，不至于全然穿透。

图片提供_方构制作空间设计

内行人才知道

图片提供_只设计

黑玻璃、灰玻璃、清玻璃，如何来分清?

玻璃的种类繁多，不同的玻璃会有不同的使用方法，应依照空间和设计来做搭配。比如具有穿透感的清玻璃，价格低廉，有放大空间感的效果，适合小户型使用。另外，若为整体空间色调与氛围考虑，也可选择茶色玻璃或黑色玻璃。

[小家放大术3]

轻量感壁柜、层架，收得好看又能保有空间感

[针对困境]

房间太小不好用

房子已经够小了，如果还想摆放生活物件达到保持风格与维持生活的目的，物件的整理与收纳方式绝对是关键。首先，空间有限，借重新规划之际，建议把多年不用又无保存价值的东西丢弃。另外，收纳空间的尺寸与位置设计也相当重要，当面积有限时，最好选择非主要动线上的空间规划收纳区，例如：沙发背景墙、电视墙的转角处等，收纳柜体的设计则应以简单利落的层架或壁柜为主，避免落地式柜体占据太多的空间，材质上可以运用玻璃或是铁件，让柜体的线条更为轻盈、细致，看起来就不会显得压迫沉重。

图片提供_彗星设计

手法1 墙面与柜体颜色一致，模糊柜体的存在感

小户型空间的壁柜可以采取非一致性的尺寸规划，轻松化解单调感，柜体的颜色运用也有技巧，不妨让局部柜子的颜色与墙面保持一致，这样柜子就像是融入了墙面，具有化解压迫感的效果。

手法 2　避开主要动线规划层架，不占空间也有生活感

既然空间面积已经受限，就别在走动频繁的区域安排摆饰收藏，而是应该选择在非主要动线上来安排，比如电视墙的转角处。同时尽量简单线条构成的层架取代笨重的柜体，这样既不用担心压缩空间感，又可营造空间氛围。

图片提供_只设计

内行人才知道

图片提供_彗星设计

图片提供_彗星设计

生活感其实是摆出来的

如果想摆放较多饰品，为了避免数量过多显得凌乱，应将物品简单分类，将性质相同或性质接近的物品摆放在一起，视觉上看起来较为整齐，也能达到为空间加分的效果。

案例

01

复合式功能柜体创造灵活居住动线

问题点 超级老房隔间过多，空间昏暗老旧不堪使用

房主需求 希望将老房子重新改造成现代居住空间，同时能让老家具融入其中

50平方米的老房子在传统3房隔间下显得老旧又拥挤，屋里留下不少实用又怀旧的老家具，对房主来说，这些老家具充满了儿时的美好回忆。

考虑到空间只有2人使用，设计师彻底拆除原有隔间并依照居住需求重新规划，采用全开放式设计使空间面积得到充分利用。位于餐厅、工作区及主卧之间的黑色柜体是空间里唯一的隔断，通过推拉门设计灵活地界定区域之间的关系，双面设计让柜体发挥最大的功能，面向餐厅的一侧能作为展示柜之用，陈列旅行带回的纪念品与收藏，面向卧室的另一面则是可以当成书柜的层板柜，方便收纳室内的小物件。

原本窝在角落的厨房被移出来与客厅形成一个完整的公共休闲空间，开放式设计引进充足采光，同时拆除吊顶，保留高度。整体空间以清爽的白色为基调，搭配外公留下来的木质老家具，让新旧生活记忆在屋子里完美延续。

面积 / 50平方米　**家庭成员** / 2人　**格局** / 客厅、厨房、餐厅、主卧、卫浴　**建材** / 烤漆、墙面特殊漆、黑色磨石子墙面、超耐磨地板

图片提供_邑舍室内设计

用家具界定空间属性，保留开阔感

A

Ⓐ 完全移除原有小隔间

老房子的格局已不符合目前房主的使用需求，老旧的木质窗框也存在安全隐患，由于居住人数只有2人，因此将原有隔间完全移除，以全开放式设计营造空间开阔感。

Ⓑ 拆除吊顶，拉高垂直空间感

老房具有较佳的高度，因此拆除吊顶后保留早期水泥灌浆的模板纹理并不刻意修饰，只简单刷上白漆，意外营造出略带随兴与粗犷的Loft 风格。

Ⓒ 多功能的柜体保持空间彼此关系

餐厅、工作区及主卧之间，借多功能的黑色柜体创造开放空间的弹性收纳，平时推拉门打开时主卧与其他空间动线串联，关起后能维护主卧隐私，柜体的双面收纳设计能提供不同收纳需求。

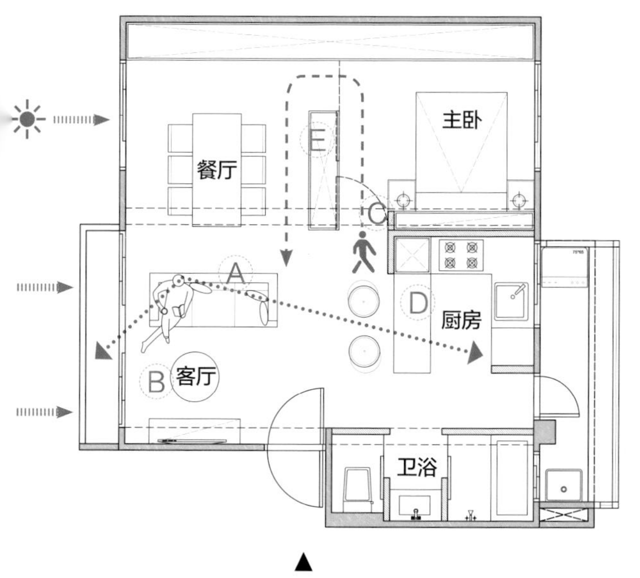

Ⓓ 开放厨房成为具有生活感的公共空间

原本位于角落的厨房已不够使用，在移除隔间后依照生活需求重新配置开放式厨房，与客厅、餐厅构成一个更具生活质感的公共区域。

案例

02

调整空间尺寸，减少柜架线条，收获小空间里的大视野

问题点 原本卫浴空间十分狭窄，而且毫无采光非常昏暗

房主需求 改善浴室的空间感，还希望能增加阅读工作区

这间新房最让房主满意的是，拥有难得的大面开窗，光线好、窗外视野也没有任何阻挡，唯一的小缺憾是卫浴狭窄又阴暗。由于整体格局状况不错，调整的重点就不在于大幅变动，而是着重于客厅、卧室、卫浴三个场域的隔间微调，让每个空间都能被舒适地使用。于是，卫浴隔间稍微往外退，扩大为可容纳浴缸，同时创造出整合梳妆台的长型洗手台面，搭配长虹玻璃拉门以及浴缸区域的玻璃开口设计，引进自然采光化解空间封闭感。卧室比例则特意缩减至保留单纯的睡寝需求，如此一来即可拉大公共厅区的空间，并使用半穿透的铁件玻璃隔屏作为隔断，既保有视线延伸与隐私性，又兼具电视墙的功能。

原始厨房位置维持开放不变，增加了中岛区隔厨房与客厅，也带来收纳功能，原本吊柜则予以取消，降低压迫感，让视线所及之处能有所延伸，空间无形中也会有放大的效果。除此之外，为满足房主收集唱盘与画作的喜好，使家回归简约沉静，因此，整体空间以简洁利落的线条作为框架，抽离没有必要的装饰。并采取黑灰色调贯穿全屋，采用不同层次的灰阶，如赛丽石、陶烤门板、磐多魔地板等，以及深浅的黑色涂料、不锈钢铁件烤漆，做出细微却看似一致的整体感。一方面局部以自然素材铺陈柜体、卧榻，甚至于入口处勾勒一笔大圆弧线条、更衣间选搭圆弧镜面，为简约黑灰空间增添柔和与温暖的氛围。

面积 / 50平方米　**家庭成员** / 2人　**格局** / 客厅、厨房、餐厅、主卧、更衣间、卫浴　**建材** / 喷漆、实木皮、实木板、赛丽石、进口瓷砖、磐多魔地板、不锈钢铁件烤漆、木质百叶、进口薄板

图片提供_ST design studio

Ⓐ 简化线条释放空间最大值

公共厅区利用中岛台的设置，加上入口一道圆弧地坪勾勒，做出隐性的空间界定。窗框简洁利落的木作下蕴含丰富收纳空间，也让空间感更为方正。厨具舍弃吊柜以层板取代，让视线获得极大的延伸放大感。

Ⓑ 木质框架迎接日光与美好生活

将房主喜爱的大面窗以木质材料处理成坐台，为室内框出一幅自然景致，阅读、起居皆可在此处享受阳光的美好。一旁的电视墙以铁件烤漆搭配清玻璃的隔屏打造，兼具隔间效果，又能维持空间的通透性。

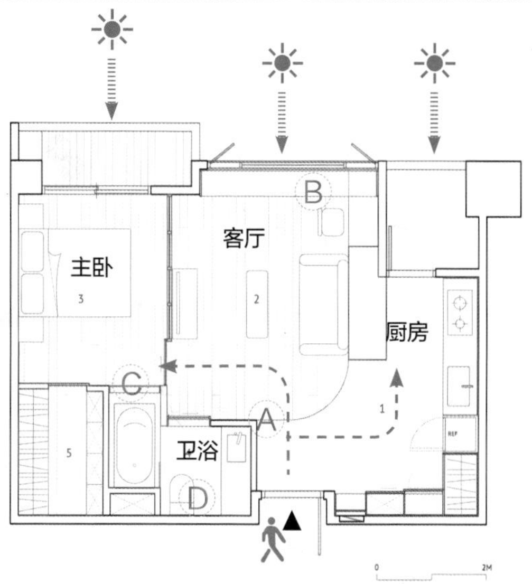

C 玻璃隔间、推拉门引入明亮采光

原本阴暗狭窄的卫浴隔间微调，往主卧稍微扩大，获得更为舒适宽敞的沐浴空间，卫浴门片一并更换为长虹玻璃拉门，包含淋浴、浴缸的区域也特意加入玻璃开口，彻底改善光线问题。一方面，通过隔间的进退调整，也使更衣间增加大约60厘米的收纳空间。

D 放大卫浴尺度提升舒适度

卫浴空间延续简约黑灰色调，干区特别选用大尺寸瓷砖贴饰，减少缝隙的产生，淋浴、泡澡部分则运用较为自然的岩石感瓷砖，通过不同的灰阶素材做出变化。改变方向且加宽后的面盆，具备了充足的抽屉，整合了梳妆功能。适当的圆形、木头色也让空间更为柔和温暖。

案例
03

省略走道的开放式设计，一家四口也能住得宽敞舒适

问题点 勉强隔出的3间房，每间房都很小，通往卧室的走道迂回且浪费

房主需求 居家需要兼作工作室，希望厨房能整合餐厅

这是一间30多年的老公寓，房主夫妻就是设计师，老公寓的优势是面对河滨公园景致，然而76平方米的室内空间却隔了3房，每间房间的面积都非常小，厨房也是同样狭窄难以使用。

由于这间房子同时也是夫妻俩的室内设计工作室，加上规划之初仅一个孩子，因此卧室删减为2房，原本的长形客厅、餐厅改为工作区、客厅，一进门就是工作区，搭配上大窗户设计，光线十分舒服，拆除的1房及部分走道则纳入厨房范围，利用中岛与餐桌的结合，环绕式的动线，让空间显得相当宽敞。除此之外，厨房与客厅特别选用玻璃推拉门做隔断，达到视线的延伸与开阔放大之外，还有阻隔油烟的作用。至于原本紧邻客厅的小卫浴，虽受限管线等因素无法变动位置，不过，设计师让隔间稍微外移，扩大卫浴的舒适性，可配置四件式卫浴设备，而光线与通风问题就通过上端玻璃材质、上掀式窗户设计获得解决。

面积 / 76平方米 **家庭成员** / 夫妻+2儿童 **格局** / 客厅、餐厅、厨房、工作区、主卧、儿童房、浴室 **建材** / 实木皮、钢刷皮板、超耐磨地板、玻璃、瓷砖

图片提供_十一日晴设计

A 玻璃推拉门延伸空间感

舍1房换来开阔无比的中岛餐厨，客厅、餐厨选用玻璃推拉门，除了让空间感更为宽敞之外，油烟的问题也得到解决。

B 局部玻璃隔间放大又引光

为避免卫浴过于封闭阴暗，墙面经外移扩大之后，新砌砖墙上端搭配玻璃材质，达到穿透引光的效果，一旁的上掀式窗户也有助于通风。

C 设计柜体减少梁柱带来的压迫

小户型空间更要谨慎拿捏柜体的设计，利用工作区后的结构梁柱安排两组柜体，解决玄关与工作事务设备的收纳，却又能保持空间的舒适。

D 阶梯式床铺好放松

主卧室采取阶梯式的床铺设计，低矮的高度反而让人感到放松，少了走道，空间利用更为彻底。

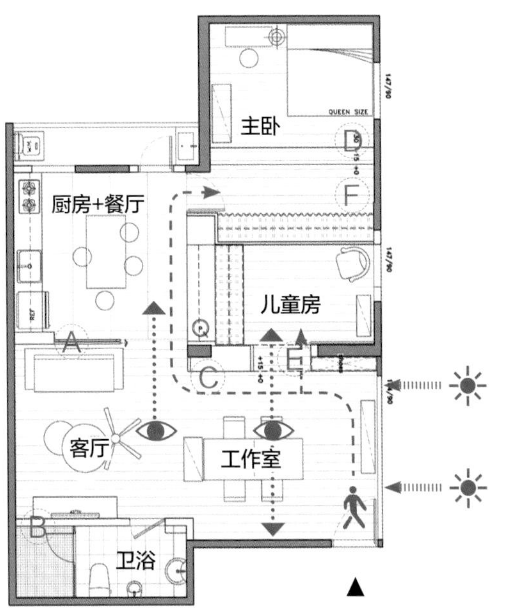

以布帘取代门板，降低压迫感，也不需多留门片开合所需的空间

E 弹性开合的大比例拉门

工作室旁的儿童房，刻意放大了门片比例，让空间显得较为大气，平常开启也能让视线有所延伸。

案例

04

4.3米挑高小户型的合理利用，收获高平效舒适空间

问题点 虽然是挑高，但高度仅有4.3米，面积也只有23平方米

房主需求 希望空间感能放大，并且强化整体的使用平效

仅有23平方米且挑高4.3米的住宅，属于长形结构，只有一面采光，原本进门右侧是厨房，左侧是卫浴，空间实在压迫。因为高度有限，所以设计师将所有功能集中在楼下，并且将置顶的高柜规划于入门处，解决收纳问题又可避免空间变得狭小。

原始厨房与卫浴也做了些许调整，让厨房往内移，与客厅呈开放状态，除了功能之外，也是展示的一部分。而卫浴则特别采用玻璃隔间，加强空间的穿透延伸感，感觉就会更为宽敞，同时阳光又能毫无阻碍地直抵厨房、卫浴。除此之外，设计师还运用了几个设计手法，为小空间创造出放大舒适的效果，例如：夹层卧室的走道部分使用强化玻璃呈现通透视觉感受，夹层的施工也很有巧思，特别选用10厘米x10厘米的工字铁而非方管，加上夹层可以不做满，让视觉的端点有再次延展的作用。

地面材质的铺贴上，全室选用浅色木纹砖，一路延伸至卫浴，铺设方向也与大门成垂直，统一材质的地面无形中拉长空间尺度，简单利落的铁件楼梯，亦能带来开阔的效果。

面积 / 23平方米　**家庭成员** / 2人　**格局** / 玄关、客厅、厨房、餐厅、卧室、卫浴、阳台　**建材** / 工字铁、木纹地砖、花砖、铁件

图片提供_方构制作空间设计

Ⓐ 玻璃卫浴通透开阔

入门左侧设置卫浴，采用黑铁格子玻璃窗设计，视觉通透，空间不显狭窄。

Ⓑ 转换地砖排列方向，拉长空间视觉

狭小的空间中，设计师刻意变换地砖的排列方向，与阳光的入射方向平行，视觉沿着地砖从大门延伸至阳台、卫浴，有拉长空间比例的效果。

Ⓒ 功能空间沿墙配置

厨房、卫浴等功能空间向墙面靠拢，同时不多做柜体以免空间变狭隘，仅在玄关处做出置顶的高柜，作为鞋柜和收纳柜使用。

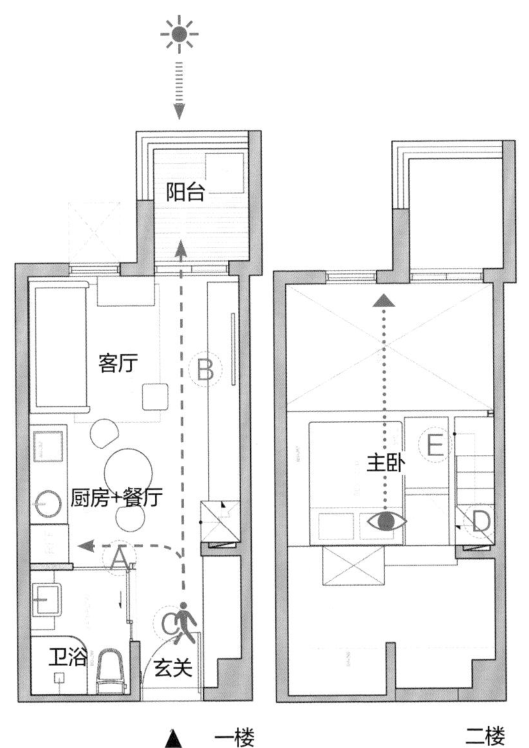

D 简化楼梯化解压迫感

楼梯运用黑铁板折成U型嵌入墙面的设计，强化承重力，也呈现线条利落的简洁造型。

E 玻璃隔间维持空间通透感

利用4.3米的层高优势，另做夹层作为卧室。走道部分以钢化玻璃铺陈，让空间变得通透。而夹层刻意不做满，视觉可向上或向外延伸，空间不显压迫。

案例

05

拆除旧房间，优化动线并收获宽敞的趣味性居家

问题点 原先的3房格局让公共空间不够宽敞，主卧室也较为狭小

房主需求 多功能书房与餐厅合并，期望加大公共空间与主卧室空间，希望拥有一个很大的玩偶展示柜

室内空间虽然只有67平方米，但设计师在衡量房主的需求之下，拆掉原先的3房格局，加大公共空间，同时也让私有空间变得宽敞。此外，屋子本身具有19楼高的户外城市景观，因此设计师在客厅与主卧室之间，仅以一面电视墙作为隔间，保留整面窗户，让视野得以延续。

在2房1厅的新动线里，设计师将主视觉焦点放在公共空间，在现有的面积中，将书房、工作区和餐厅合并为同一个区块，地板架高为可坐可卧的长型卧榻区，再为房主订制一张可可色多功能餐桌，让以白色为主色调的空间多了些许温暖氛围。而客厅的后方是浅灰色展示柜，满足男主人多年来的玩偶和漫画收藏展示。另一个设计巧思中，设计师以原木色加订窗帘横杆，一来挑高空间视觉，二来横杆上也能放置玩偶，成为另类的展示手法。在空间色调上，以一片大地色系为主色调，但为了让空间有更多层次，以一张灰色格子沙发让氛围变得活泼，而三座黑色设计灯座，搭配天花部分喷漆消防管线，赋予空间更多的趣味性，创造一个放松又具年轻气息的无印良品风格居家。

面积 / 67平方米　**家庭成员** / 夫妻　**格局** / 客厅、餐厅、厨房、主卧、客卧、浴室　**建材** / 喷漆、玻璃、木地板、实木贴皮、人造石

图片提供_甘纳设计

Ⓐ 灰黑色阶沉稳视觉，格子软包集中焦点

房主喜欢无印良品的简约风格，设计师除了在材质上慎选之外，软包与管线也以视觉较为沉稳的灰黑色为主要色调，客厅中刻意搭配一组格子沙发，让空间色调变得较为活泼，整个公共空间简洁却不失层次感。

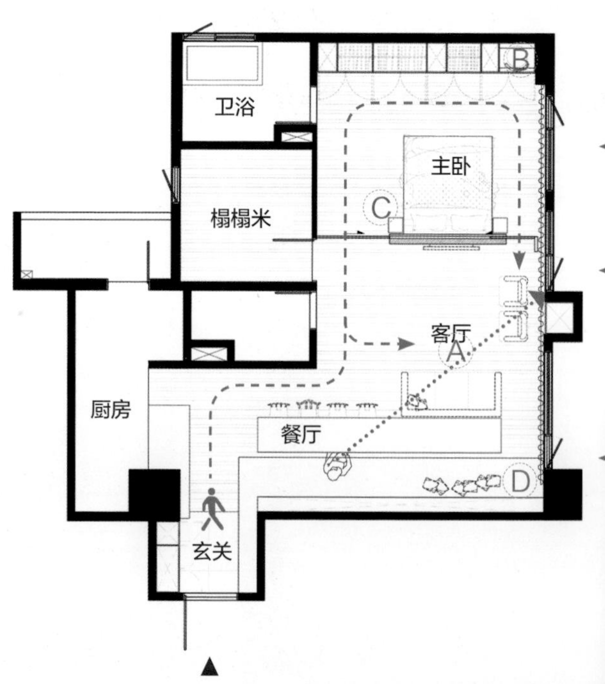

Ⓑ 置入几何元素，让空间视觉变有趣

在私有空间中，融合了些许几何元素，比如衣柜把手以实木设计成大纽扣形状，增添生活乐趣。

Ⓒ 半开放公私区域，动线与视野流畅

由于居住空间位于高楼层，设计师期望屋外的城市景色不被阻隔，因此让主卧与客厅的窗户面连成一景，让视野更加流畅，而半开放式隔间也给予空间更大的包容性。

Ⓓ 多功能卧榻区延伸客厅、餐厅视觉

从玄关开始架高出L型卧榻区，让客厅后方成为用餐和阅读工作空间，订制的可可色长形餐桌为原木色调的主空间增添了视觉层次。

案例
06
66平方米空间当作套房，满足一个人的减法生活

问题点 老房有3间房，隔间多，采光差

房主需求 宽敞的开放式空间，需要更衣室与放置行李箱的位置

66平方米的空间作为一个人居住的单身寓所而言，在使用上绰绰有余，但10多年老房却因有太多隔间导致采光不佳，整体格局显得局促。在单身房主只需要一间卧室的前提下，设计师将66平方米的空间当作是一个“套房”概念，除了卧室之外，客厅、餐厅采用开放式规划，并依据房主的使用习惯进行空间重整。

针对公共空间的开阔需求，设计师通过地板材质划分区域，从而减少墙面的压迫感；沙发不需要有方向性，保留可随时移动的状态，让空间发挥更多弹性功能。整体空间以白色基调铺陈，并刻意减少装饰材料，落实“减法”生活，如此一来便可简化收纳功能，将家的重心聚焦在活动上，投入在瑜伽、料理等主人所喜好的事务上。

多材质的综合复古效果避免了单一建材过于老气的年代感。而房主最主要的收纳重点在于行李箱，设计师在卧室创造一个“类更衣室”空间，以一片折迭式玻璃拉门替代衣柜门，纯净的白色调配上木质的自然温润，加上百叶窗引入光线，进入私人卧室同样保持了明亮宽敞空间感，里里外外皆满足了“一个人住”的减法生活哲学。

面积 / 66平方米　**家庭成员** / 1人　**格局** / 客厅、厨房、餐厅、主卧、卫浴　**建材** / 实木复合地板、清水砖、大理石花纹瓷砖、木作

图片提供_六相设计

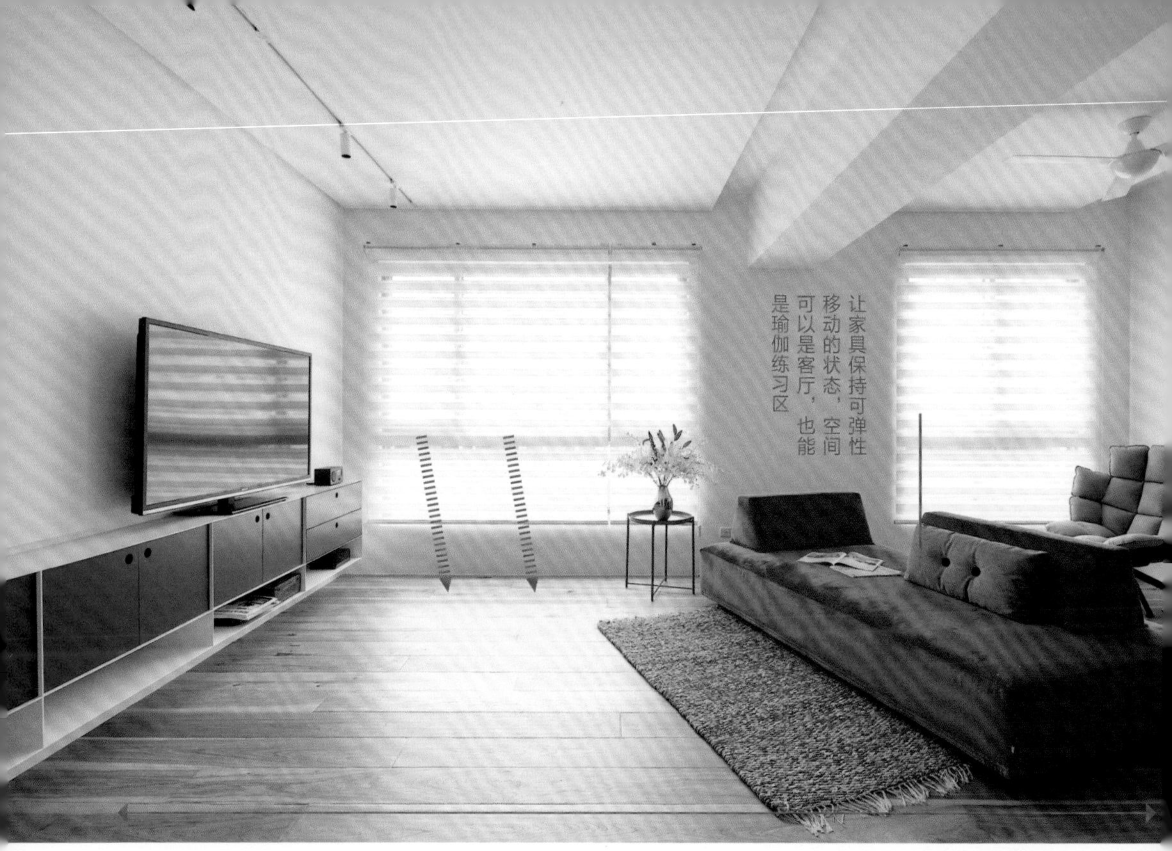
让家具保持可弹性
移动的状态，空间
可以是客厅，也能
是瑜伽练习区

Ⓐ **可移动式家具创造客厅更具弹性的生活功能**

以家具定位空间，橘红色沙发可移动，跳出面向单一的框架，赋予空间更多弹性的变化。

B
以吧台形式取
代餐桌配置

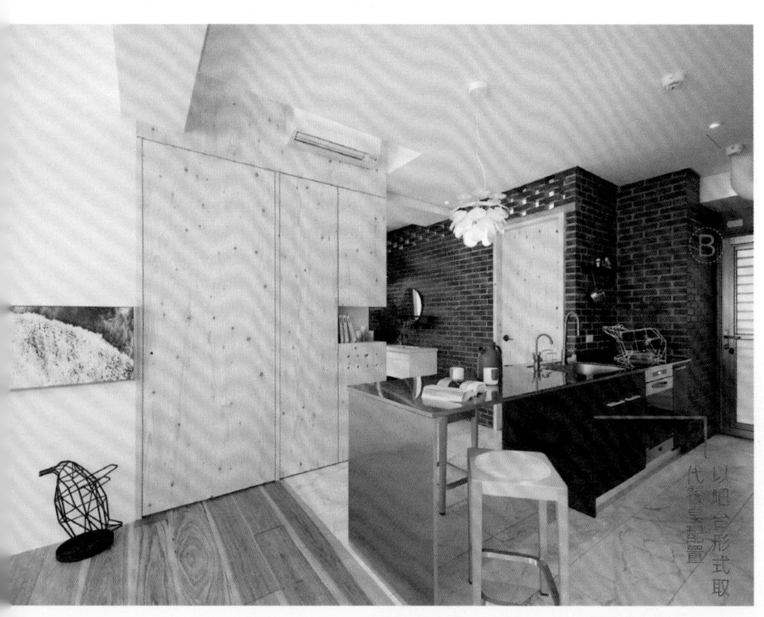

Ⓑ **不锈钢台面合并吧台与餐桌**

不锈钢台面可延伸成为用餐桌面或吧台，无论是准备料理，还是使用电脑，都可拥有相当充裕的空间。以蓝色沃克板打造的橱柜，则与客厅电视柜相呼应。

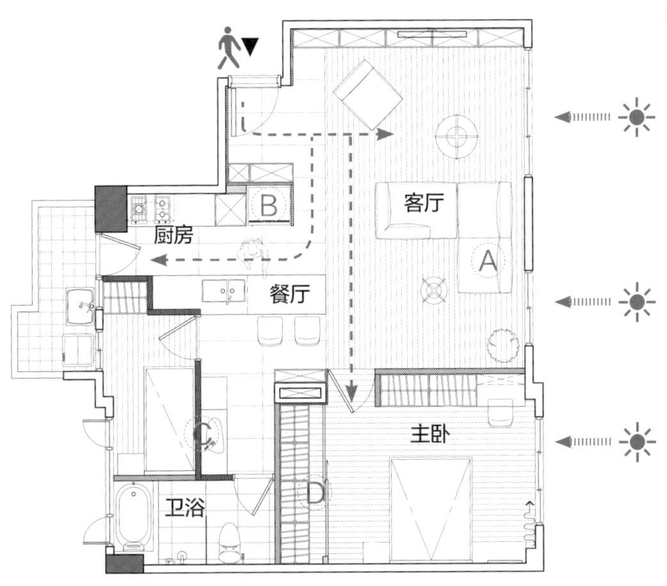

C 清水砖墙发挥复古综合体效果

在以白色调为主的视觉空间里，从餐厅吧台到卫浴外的墙面特别采用清水砖砌筑而成，衔接在白色大理石花纹瓷砖之间，呈现怀旧气质，多材质混搭保持现代感的居家氛围。

D “类更衣室”以推拉门搭配开放式收纳

延续公共空间的白色调与木质料，卧室营造出舒适温暖的氛围。房主需要的更衣室则被纳入规划，利用折迭玻璃门呈现“类更衣室”的空间设计，并且因开放式收纳可增加大量行李箱的摆放空间。

案例

07

拆除夹层还原挑高窗景，让视野更开阔

问题点 上下两层层高不够，夹层压迫感重，屋内光线幽暗

房主需求 除了主卧室以外，需要可弹性使用的次卧，还希望增加更衣室、储藏功能

这间房子原本是楼中楼格局，挑高高度达5.6米，可惜的是，前房主整屋增设夹层，虽然使用面积增加，却造成压迫感加重，采光不佳，包括毗邻卫浴而设的楼梯间也十分幽暗。另外，由于房主目前是单身一人住，一楼的卧室也沦为堆放物品的杂物间，无形中让许多空间浪费了。

因此，设计师首先将夹层拆除，还原整面挑高的上、下大面积窗景，同时一楼卧室予以取消，规划为开放无隔间的公共厅区。上层私密区域当中的主卧室则面对挑高处，以灰玻璃隔间带来视线延伸与光线引入，透过横向、纵向的变更设计，使空间放大开阔许多。楼梯移至挑高侧边，简单利落的钢架楼梯，突显挑高的视觉效果，原楼梯位置则改为储藏室。除格局调整外，在设计呈现上，还强调线条的延伸感以表现轻盈的调性，比如客厅旁的枫木书架，上下端刻意设计斜角，板材侧边改用油漆收边突显线条；楼梯栏杆线条的延伸、斜顶造型，化解大梁的沉重感；展示柜部分刻意保持与墙面色彩一致，创造出隐藏于墙的效果，让柜体更显轻巧。

面积 / 83平方米　**家庭成员** / 1人　**格局** / 客厅、餐厅、厨房、主卧＋更衣室、次卧、卫浴x2　**建材** / 花砖、灰玻璃、油漆、枫木板、黑板漆、木地板

图片提供_彗星设计

善用梁下空间打造书墙，增加收纳且拉齐线条，让空间感更利落。

Ⓐ 色彩+造型让书柜变轻巧

书墙运用斜角线条造型，加上板材侧边改用色漆做收边，柜体变得更为轻巧利落。

Ⓑ 灰玻璃隔间创造开阔视野

主卧室规划于挑高区域旁，灰玻璃隔间创造视野的延伸与光线的提升，且同时能保持私密性。

C 开放客厅光线更好

原本一楼卧室拆除后变更为客厅，与餐厅的互动性提高了，也让整个厅区光线更好。

D 半开放厨房色彩吸睛

玄关入口以黑板漆留言墙联结吧台，半开放设计隐藏不适合被看到的区域，花砖与鲜黄色彩的运用，强化了厨房的设计感。

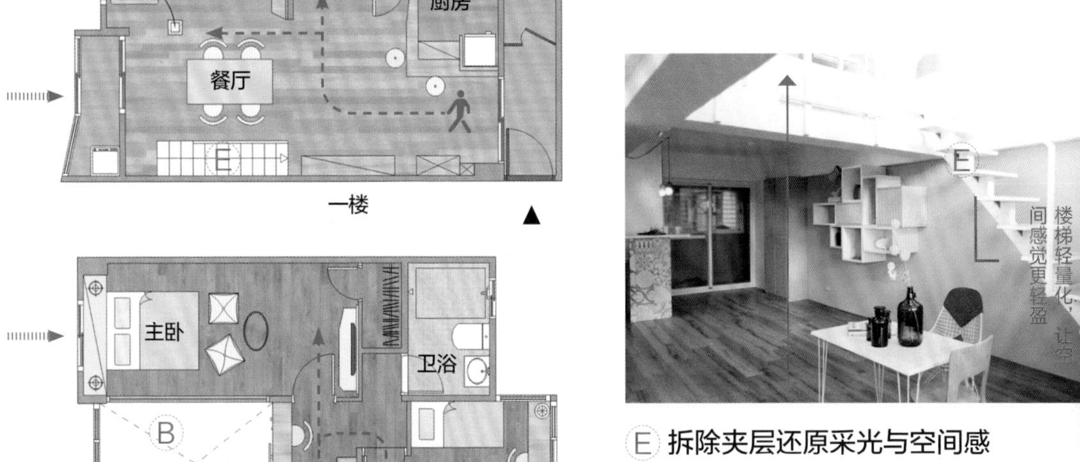

E 拆除夹层还原采光与空间感

取消夹层露出5.6米的挑高，空间自然更加开阔与明亮，简单利落的钢架楼梯也突显出挑高的优势。

案例

08

整合空间功能，用开放式格局带来开阔视野

问题点 3房格局使公共空间变得过小

房主需求 希望空间感更开阔，且要规划收纳收藏品的空间

室内仅有69平方米，若有过多隔间则会更显狭隘，且家中小朋友年纪还小，房主也希望能随时看到小朋友，以便于照顾。

首先，设计师将其中一房拆除，借此扩大公共区域，并将书房与客厅功能整合，只简单用一道半墙作分界，刻意不做满的墙让开阔感不受影响，同时还兼具电视墙功能；另外，将原本的沙发背景墙与电视墙位置对调，利用完整的背景墙拉长横向空间，达到放大效果，而且通过位置转向，视线被引导至户外露台，视野因此可向室外无限延展，进而营造开放、宽阔感受。

厨房与餐厅整合于同一空间，利用玻璃拉门做弹性分隔，平时可将二片推拉门收进墙面，体现空间开放感，若将门片拉上，玻璃门的穿透特性也不会让人感到封闭；一字型厨房搭配中岛吧台，让厨房功能更完整，而吧台下方的收纳空间则可满足收纳需求；特别订制的餐桌经过仔细计算，不只尺寸符合一家三口需求，量身订制亦让空间运用更有效。

面积 / 69平方米　**家庭成员** / 夫妻+1儿童　**格局** / 客厅、餐厅、厨房、主卧室、儿童房、书房、卫浴　**建材** / 荷兰栓木、核桃木、人造石、玻璃

图片提供_馥阁设计

局部跳色，活跃白色空间

以白色、裸色等浅色调替整体空间定调，在墙面、推拉门门框及家具中适当加入鲜艳色彩元素，不只增加趣味变化，也让空间变得活泼许多。

Ⓐ 打造多功能的卧榻区

位于书房靠窗的卧榻下方设计成收纳空间，用来收放房主的音响设备，平时则可倚窗靠坐，看看风景、放松心情。

沙发背景墙拉长，就可选择尺寸较大的沙发，让空间更显大气。

Ⓑ 延展横向空间，淡化房高过低的缺点

由于原始房高较低，因此利用完整的沙发背景墙延展横向空间尺度，创造景深从而有放大室内空间的效果。

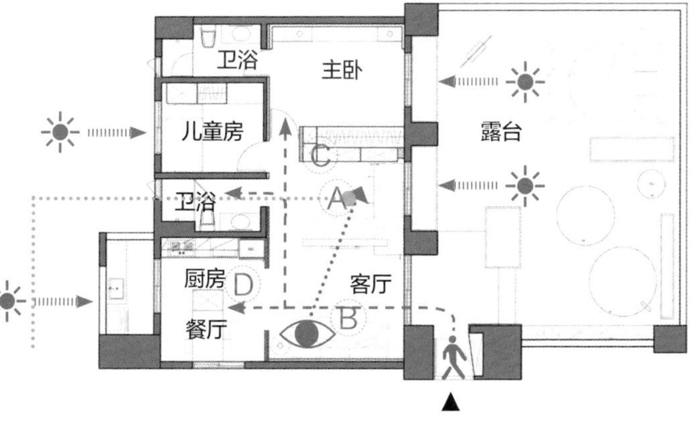

Ⓒ 白色淡化柜体重量

书房与卧室间的隔墙打造大型收纳柜，可大量收纳物品，采用白色淡化大型框体重量，减少压迫感。

Ⓓ 拥有绝佳光线的餐厨空间

后阳台落地窗与侧墙的开窗，让餐厨空间拥有绝佳采光，不论吃饭或下厨，都让人感到相当舒适。

案例

09

舍一房换来开放式大厅区，家就是电影院、咖啡馆

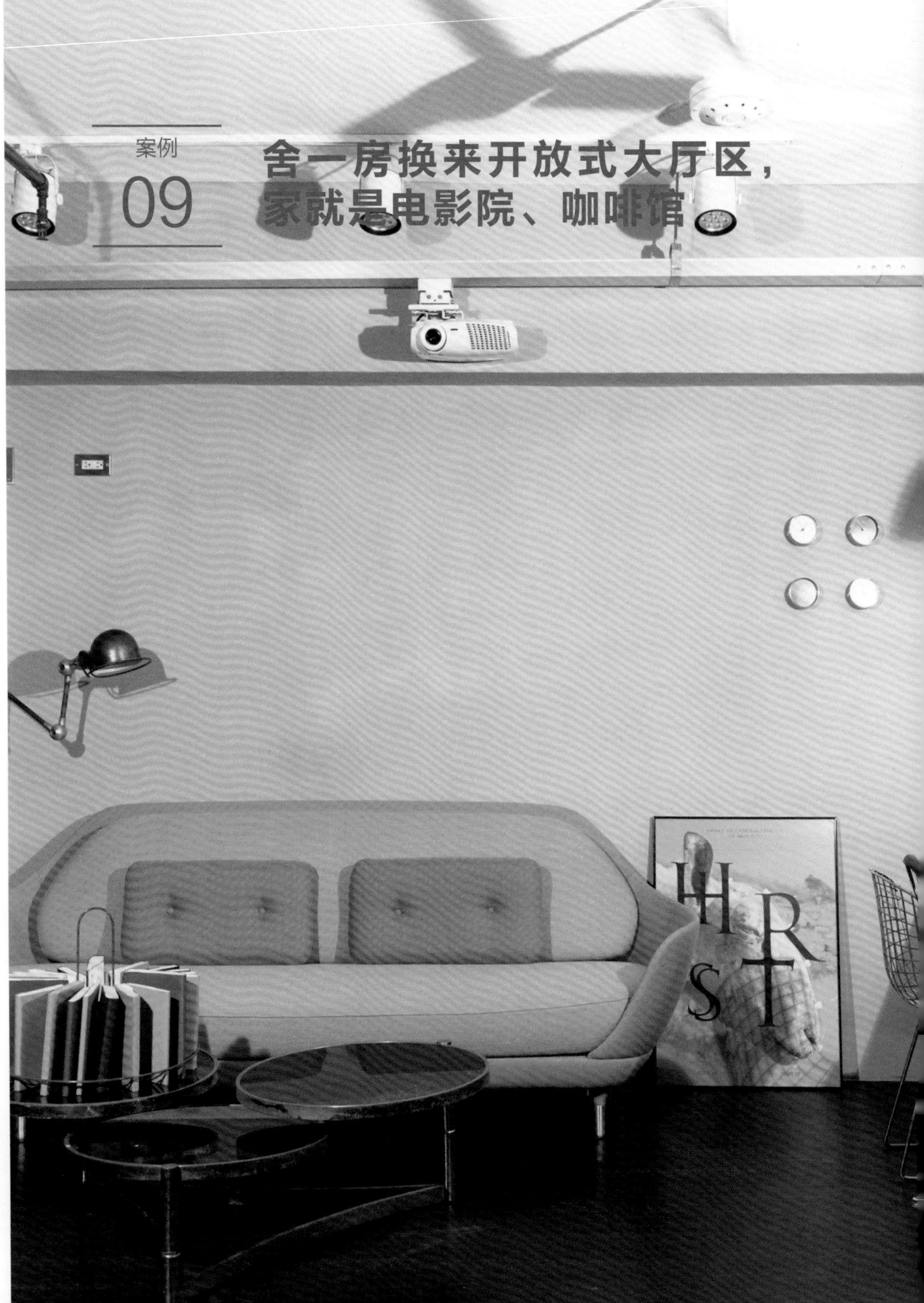

问题点 隔间太多，每个房间都不大，很有压迫感

房主需求 想要有一个开放式的大厨房，很重视影音娱乐设备

这间20多年的老房子属于长形屋，不到80平方米却隔出3房2厅2卫，划分得过于琐碎，导致房间其实都很小，即使前后都有采光，但由于隔间多，客厅显得有些阴暗，封闭狭隘的一字型厨房也无法满足喜爱下厨的房主使用需求。

考虑到家庭成员只有夫妻俩，设计师重新调配格局，拆除客厅旁的卧室规划为开放式厨房，加上客厅并未采取一般电视墙做法，而是利用投影取代，让客厅、餐厅、厨房形成可相互连通的宽敞大厅区。在一进门的玄关区域，采取玻璃与铁件打造的隔屏做隔断仍维持视觉上的穿透与延伸，整个空间自然有放大的效果。除此之外，考虑老房子的屋高为2.8米，并不适合再规划天花板压缩高度，公共厅区便以商业空间常用的线槽隐藏整合音响、投影、网络等视听娱乐必备的线路。至于卧室则回归单纯舒适的休憩功能，通过简洁利落的铁件订制，实现基本的收纳与阅读功能，且还能保持空间的开阔性。

面积 / 79平方米　**家庭成员** / 夫妻　**格局** / 客厅、餐厅、厨房、主卧、客卧、卫浴x2、储藏室　**建材** / 铁件、花砖、玻璃、仿清水模漆、木地板

图片提供_彗星设计

Ⓐ 订制铁件整合电视、衣物收纳与阅读

为避免木作柜体压缩空间感，主卧室运用线条利落的铁件打造成开放式衣帽柜、书柜，其中木制抽屉还能单独拿出使用。

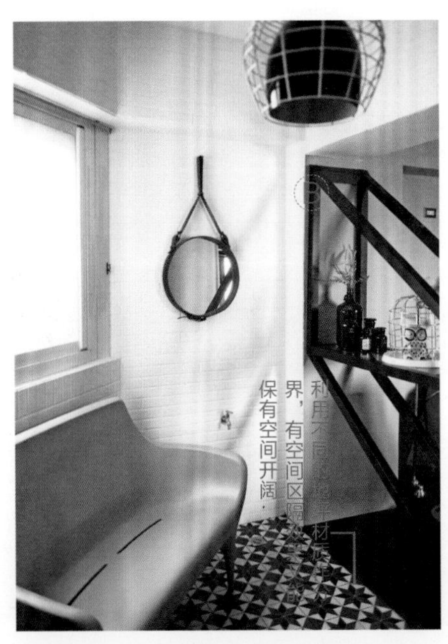

Ⓑ 玻璃铁件带来穿透与延伸

玄关与室内之间不再另设隔间，而是采用玻璃铁件做隔断，让小空间维持视觉的通透舒适，且有展示收藏的功能。

Ⓒ 铁件层板轻盈又实用

考虑卧室的空间有限，床侧的柜体特意未做满，而是局部嵌入铁件层板，增加功能性，白色线条也较为清爽利落。

Ⓓ 裸露天花板保留2.8米房高

老房子的高度2.8米，房主舍弃吊顶，投影屏幕、音响、网络线路配置就交由线槽隐藏，让屋顶整齐单纯。

Ⓔ 拆除一间卧室得到开放式大厨房

将原来3房缩减为2房，拆除后的空间改为开放式厨房与客厅、餐厅连通，同时增加电器高柜。

案例 10

用颜色复制生活印象，仿佛走进记忆中的家

问题点 要在既有的住房面积中，争取宽敞生活空间与合理收纳配置，同时令动线更加顺畅

房主需求 餐厅与厨房是住房核心，烹饪三餐、全家人在一块儿谈天说地，是最重要的事

旅居纽约多年的房主一家人，回国后希望能在新房子中找到曼哈顿老家的气息，毕竟那儿承载着全家大小无数美好回忆。

新居是适合一家4口、1狗、1猫的新房，刚刚好的3房2厅并不多做改动，而是在细部格局微调，例如将客厅与儿童房相邻墙面改为双面柜设计，提升收纳空间；用餐桌的转弯延伸、端柜遮蔽引导，让生活动线更加流畅。

为了移植旧家面貌，设计师选用蓝灰色背景墙搭配铁灰色乡村造型柜体，颠覆传统的深色配深色的手法。地面用大面积人字拼实木地板，点缀上方外露的亮眼铜管，有画龙点睛的效果，达到缩小柜体、放大空间的效果！

无隔间的餐厨区域，运用深浅配色与材质过渡作视觉分隔，达到共享空间、隐喻功能的作用。这里是房主一家生活核心区域，特别设置的餐桌边置物柜就是代表着团聚的壁炉造型，全家人下班、下课后齐聚在这里烹饪、用餐、谈天说地，在舒适的开放空间中，或站或坐，或放松或认真，分享彼此的日常琐事，共度惬意的居家生活。

面积 / 83平方米 **家庭成员** / 2大2小＋1猫1狗 **格局** / 客厅、餐厅、厨房、主卧、2儿童房、2卫浴、洗衣间 **建材** / 铁件烤漆、木皮染色、花砖、实木地板染色、铜管、玻璃、特殊喷漆

图片提供_大也国际空间设计/艺术中心

Ⓐ 抓准色彩比例，还原房主曼哈顿记忆

设计师以颠覆传统的色彩比例原则让美式曼哈顿风格重生。70%的蓝灰色墙面、20%~25%地板、木皮中间色，最后运用5%~10%金属铜管跳色点亮视觉，达到重色调放大空间的惊人效果。

Ⓑ 懒人沙发增添客厅使用弹性

客厅作为餐厨区中心的延伸活动区，特别舍弃传统的沙发标配，以懒人沙发、地毯取代，赋予空间更多弹性。

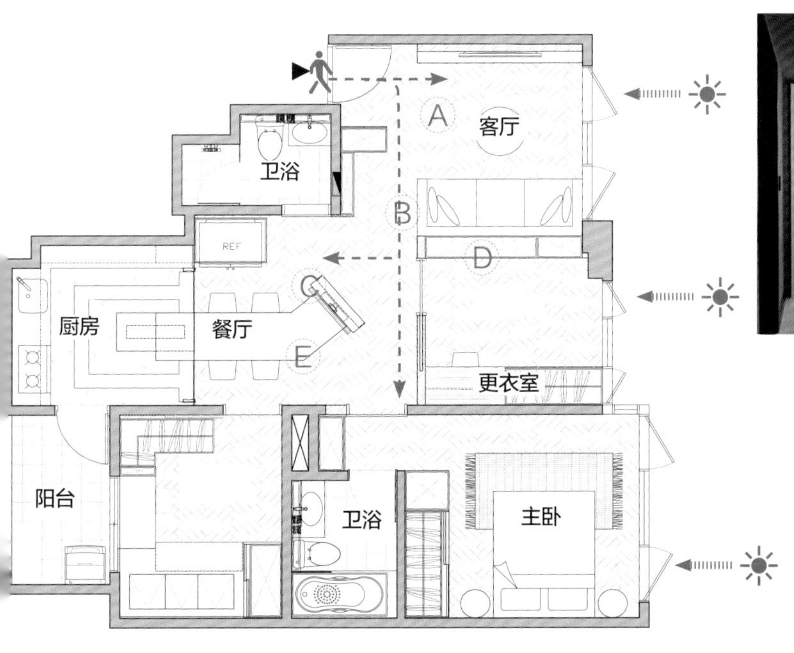

C 转弯餐桌引导路径，又是居家核心

开放式餐厨区为全家主要活动区域，利用转弯餐桌延伸中岛，是提供一家人欢聚互动的核心位置。位于入口的置物柜是象征团聚的壁炉造型，不仅承担引导路径功能，也具隔屏效果。

D 双面柜提升居家收纳空间

拆除客厅与儿童房隔间墙、改设双面柜，上方展示柜归大厅展示层架使用，下方空间则是房间内的玩具收纳柜。

E 颜色、材质成为餐厨区隐形分隔

餐厨区利用颜色轻重、材质差异让开放空间有着隐形分隔，两者间的石膏板就像画框一般，无论哪头都是一幅美丽温馨的画作。

案例

11

运用材质放大空间，一居室也能同时满足社交和舒适生活需求

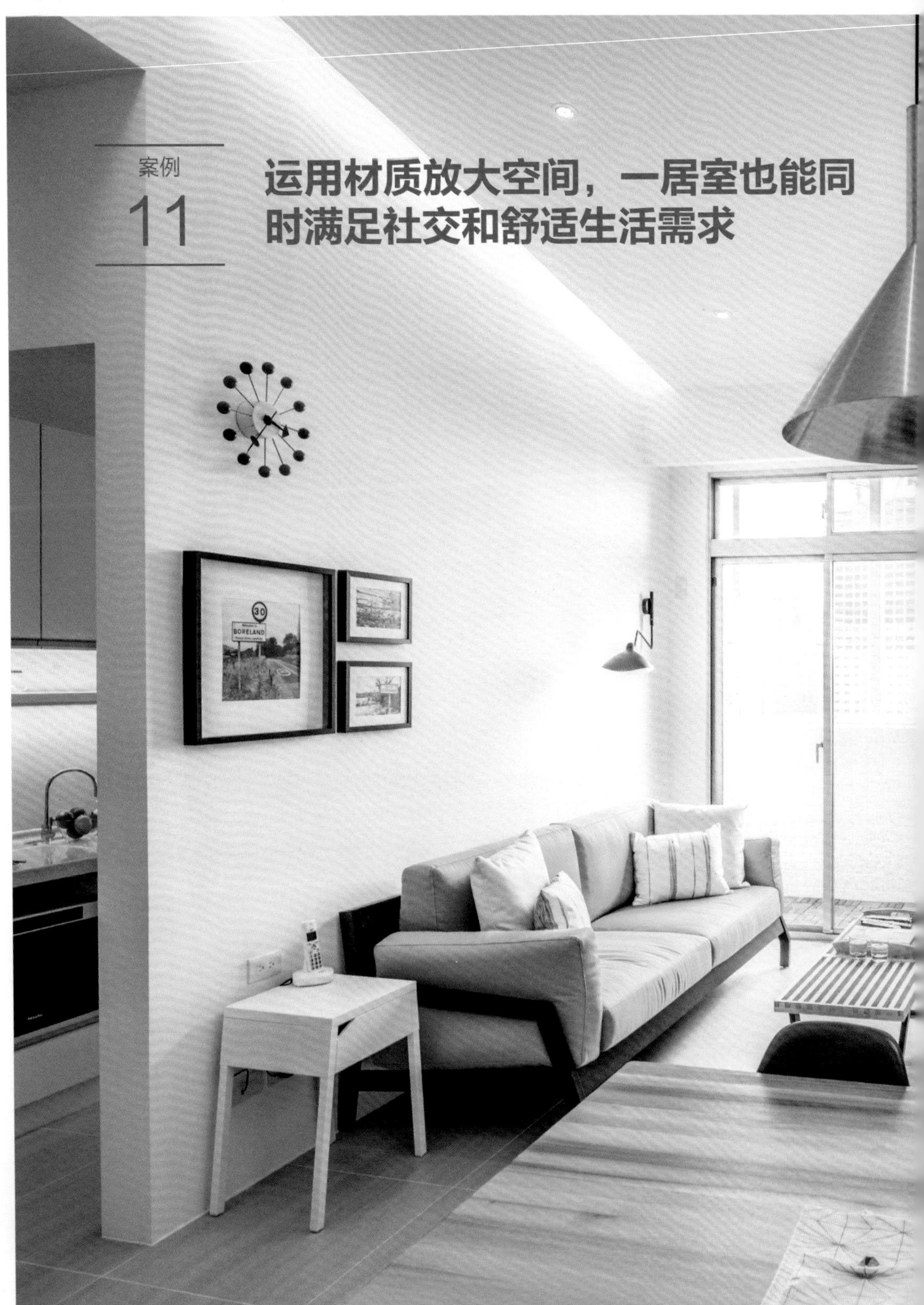

问题点 无法改动原有格局的情形下满足房主空间需求

房主需求 希望无论是自己在家或是招待朋友时，都能感到舒适自在

房主对新家有许多期待，喜欢亲手做甜点，希望厨房方便好用；喜欢招待朋友，希望客厅宽敞舒适；喜欢一个人在家自在放松，希望浴室要有泡澡浴缸；最好还要有更衣室及储藏空间。经设计师和房主不断讨论，最后在不动格局的情况下，在43平方米小空间里满足了房主所有愿望。

在入口左侧通过沙发背景墙界定公私区域范围，同时沿着墙面转角设计收纳及展示陈列的位置，墙面另一侧则成为房主想要的更衣间；天花板经过精密计算消防管线的位置及距离，从左右两侧往中央拉出双斜面吊顶，打造类似小木屋般的斜屋顶，创造挑高的视觉效果。虽然房主因养狗不选择木地板，但喜欢木地板的温润质感，因此选用带有木纹石质感的仿石材瓷砖，不但好清洁同时兼具触感。

卫浴地板、墙面全都选用同一种瓷砖，瓷砖分割线也在设计师坚持下内外对齐，创造视觉延伸性以扩大空间感。在不动隔间的前提下，没有对外窗户的卫浴敲掉局部与卧室共用的墙面以引入光线，除了晚上，其他时间即使不开灯卫浴也享有柔和的自然光。此外，移出卫浴外的洗手台可作化妆桌，巧妙整合多种功能。鲜艳蓝色沙发、抢眼的金色餐桌吊灯等特色家具，在小巧明朗的空间内为居家增添迷人风采。

面积 / 43平方米 **家庭成员** / 1人+2狗 **格局** / 客厅、餐厅、厨房、卫浴、主卧、更衣间 **建材** / 仿石材瓷砖

图片提供_实适空间设计

Ⓐ 增设墙面创造更多使用空间

入口左侧增设的墙面一侧为客厅及餐厅区域，另一侧则规划为更衣间，并沿着外侧墙面设计柜体满足收纳及展示需求。

采用多功能设计，弥补小户型空间不足的缺憾

Ⓑ 多功能洗手台，功能与美感兼备

将洗手台移出卫浴外，并加入了化妆桌功能。将各项设备的尺寸精算规划后，中间有可收纳的化妆椅，左侧则为移动式化妆车，右侧则是卫生纸及待洗衣物存放处。

C 斜面天花板营造挑高的视觉效果

客厅、餐厅区域计算好天花板消防管的位置及距离，以双斜面天花板创造空间挑高的视觉效果。

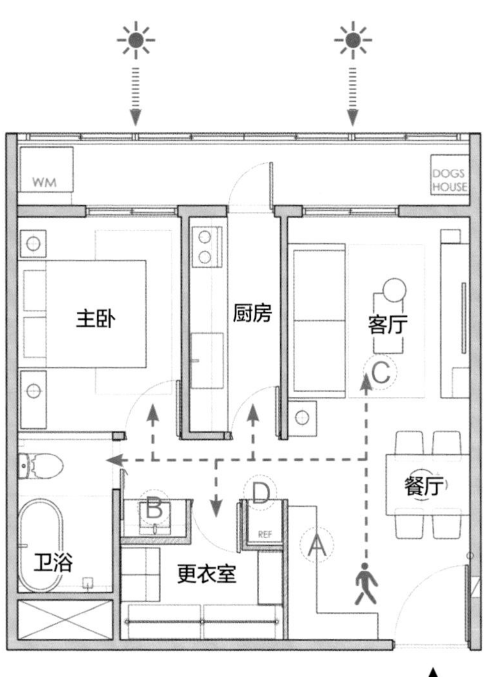

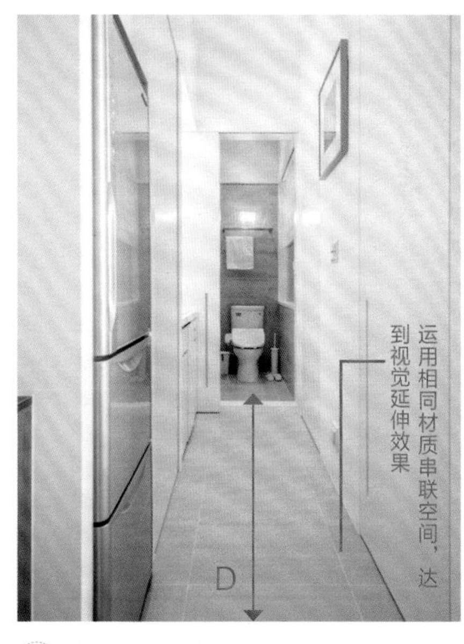

D 统一地面材质扩大空间感

客厅同款瓷砖沿用到浴室的地面及墙面并内外对齐瓷砖分割线，以视觉延伸扩大空间感。

案例

12

保留房高优势，善用穿透材质，找回全屋明亮空间

问题点 虽然拥有三面采光，但公共区域却很阴暗

房主需求 改善采光问题，并将空间规划成符合一人居住的形态

虽然拥有难得的三面采光，但因为原始格局规划为2房，因此光线被房间隔墙挡住，公共区域因此采光不足，显得有些阴暗。

基于房主为一人居住，因此设计师建议不做夹层，保留原始的3.6米房高，让垂直高度延伸空间，增加开阔感受。格局则采用开放式，拆除卧室隔墙改用清玻璃做隔间，利用视觉感的穿透、延伸，让卧室、厨房与客厅，串联成一个宽敞又具开放感的空间，光线也可透过玻璃墙毫无阻碍地引入室内，有效改善了原本采光不足显得阴暗的问题。虽然为了适度维持房主隐私，另外装上纱帘，但纱帘隐约透光，就算全部拉上，采光也不会受影响，甚至可透过纱帘让光线更加柔和。

房主平时喜欢品酒，也常常邀朋友来家里品酒、聚会，除了配置基本的一字型厨房外，采用中岛吧台取代餐桌，一个人在家时就在吧台简单用餐，当家里有聚会时，吧台就与客厅串联成一个便于主客互动的自由社交空间。

面积 / 69平方米 **家庭成员** / 1人 **格局** / 客厅、餐厅、厨房、主卧室、书房+客房、卫浴 **建材** / 矿物涂料、磐多魔、铁件、皮革、橡木、石材、玻璃

图片提供_馥阁设计

Ⓐ 是墙同时也是收纳柜的双面柜

以双面柜取代原本主卧和书房中间的隔墙，增加卧室与书房的可使用空间，前段柜体让给主卧作为衣橱，后段则均分成两半，书房、卧室各自做收纳。

Ⓑ 悬吊电视墙，轻盈又不占空间

以悬吊方式将大理石电视墙吊挂在玻璃墙上，解决原本电视墙位于动线上的问题；另外，双面墙柜也挪出部分空间收纳影音设备。

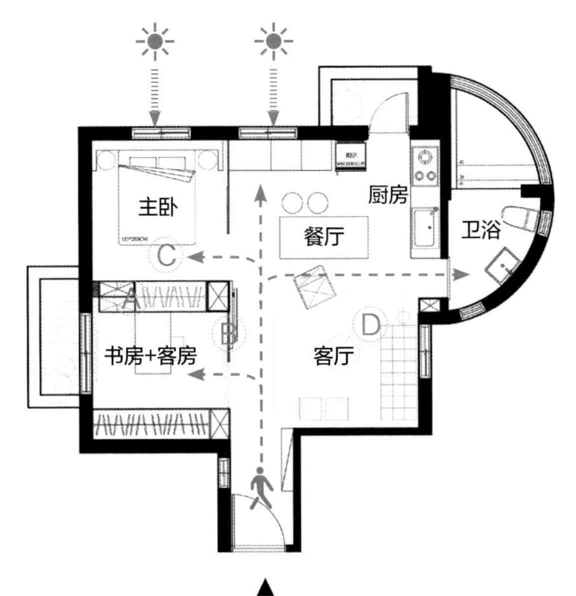

Ⓒ 弱化柜体重量，减少空间负担

卧室空间不算大，因此大型衣橱以浅色门板减轻柜体的体积感，部分则设计成开放式层板，以免因整面墙做满柜体而产生压迫感。

Ⓓ 模糊界线，空间运用更自由

在开放式格局中，餐厨空间和客厅只简单以吧台做界定，维持开阔感的同时，也让空间使用更具弹性。

案例

13

打破传统格局，以开放式设计重塑小户型空间感

问题点 二楼只有一面开窗，采光通风不佳

房主需求 改善通风采光问题，打造简洁、通透的居家空间

这是一套平面楼层面积约40平方米的新房，由于面积较小加上房主喜欢简洁、通透的居家空间。因此，设计师打破传统格局，以全开放式设计，将客厅、餐厅及工作区融合为一个宽敞的空间。并大量运用白色材质，利用纯粹的白让空间视觉感放大；虽然都是白，但借不同材质表面的肌理、纹路，让极简的纯白空间层次感变得更丰富。生活中不可或缺的收纳功能，统一整合在楼梯下方的墙面，并以悬挂方式以及白色柜体呈现，借此淡化柜体存在感，呼应整体空间的简洁利落。电视墙下方略为加高的地坪铺上木地板，则替极简的白色居家增添了温度。

主卧、儿童房安置在规划为私密区域的二楼空间，主卧以浪漫、温馨的紫色为主色调，呈现宁静的睡眠空间，儿童房则以缤纷色彩展现活泼感。二楼唯一的采光来自主卧的一面开窗，所以隔墙采用玻璃材质和百叶帘，让位于主卧的光线可以穿透至儿童房，玻璃隔墙上的百叶窗帘则能满足隐私需求。

面积 / 80平方米　**家庭成员** / 夫妻+1儿童　**格局** / 客厅、餐厅+工作区、厨房、主卧、儿童房、卫浴×2　**建材** / 铁件、文化石、进口超耐磨木地板

图片提供_杰玛设计

A 开放式规划，提升空间开阔感

客厅与餐厨空间以中岛吧台作分界，不以实墙做隔间，改以开放式规划，让小空间也有开阔感。

B 明镜化解玄关的狭小、幽暗

一进入玄关处便是L型净白墙面，置顶的白色鞋柜隐藏在此淡化柜体存在感，搭配对面的明镜，让此区有放大效果。

C 以自然光与人工照明改善采光

来自烹饪区旁落地窗的自然光线，毫无阻碍地引入室内增添采光；厨房采用流明天花板，扩大灯光照射范围，改善采光不足的问题。

D 功能齐全的美型收纳

不拘泥于一种收纳形式，而是利用各种柜体交错搭配，满足实际收纳需求的同时，也让视觉更有层次变化。

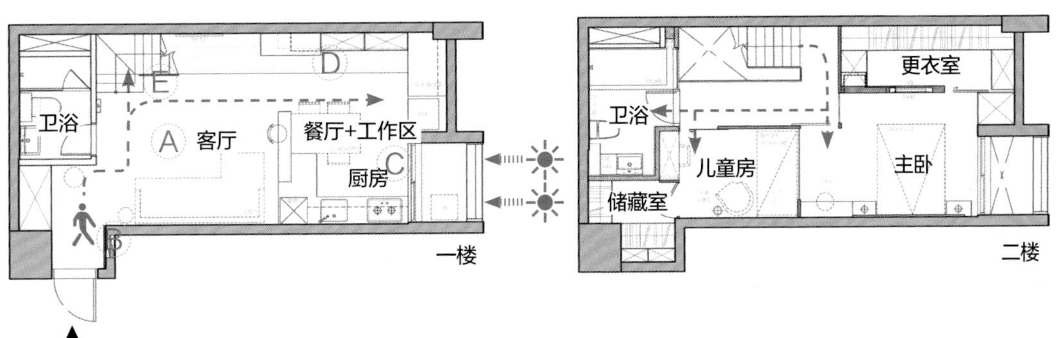

E 以轻巧结构弱化楼梯存在感

前往二楼的手扶梯，以木素材结合铁件打造而成，镂空造型具有穿透感，可有效降低楼梯重量感，木素材则替空间带来自然、温暖的感受。

案例

14

打开封闭空间，集中生活动线，创造温馨的北欧风居家

问题点 因为卧室分隔在两侧，导致公共空间变成狭窄的长形空间

房主需求 让空间变得开阔，并希望可以规划出用餐区

83平方米3房2厅的格局，最大的问题在于中间的客厅是难以安排的狭长形空间，厨房也因过于狭窄而功能不足，难以使用。

为解决不均等的空间安排，设计师将厨房隔间拆除，厨房位置往客厅方向略做挪移，在齐梁位置重砌一道半墙，客厅梁下难用的零散空间得以化解，厨房也顺势扩大，同时提升了客厅及厨房使用舒适度。半开放式设计让客厅、餐厅、厨房串联成全家人最重要的生活区域。

经过格局调整后，整体空间以浅色系做基调，大量运用木素材营造北欧式自然温馨的居家氛围，天花板也不做过多设计，维持让人感到舒适的垂直高度，外露的管线只要加以整理，并漆上白色油漆，反而能展现出另一种随兴的生活态度。

面积 / 83平方米 **家庭成员** / 2人 **格局** / 客厅、厨房、餐厅、主卧、次卧×2、卫浴×2、储藏室 **建材** / 木皮、铁件、木地板、定向纤维板

图片提供_澄橙设计

Ⓐ 消除隔间带来开阔感

原有的厨房隔间去除后与原先狭小的客厅相通，成为半开放式公共空间，并用深色木地板为整体空间增添北欧式温暖氛围。

Ⓑ 隐于空间的无形收纳

大量收纳安排在玄关处，并将柜体统一漆上白色，降低柜体重量感，同时也融入整体空间风格。

C 斜面吊顶可放大空间感

有些狭窄的主卧，利用定向纤维板构成斜面遮掩住大梁，斜面吊顶巧妙以角度创造出视觉向上的延长线，放大了空间。

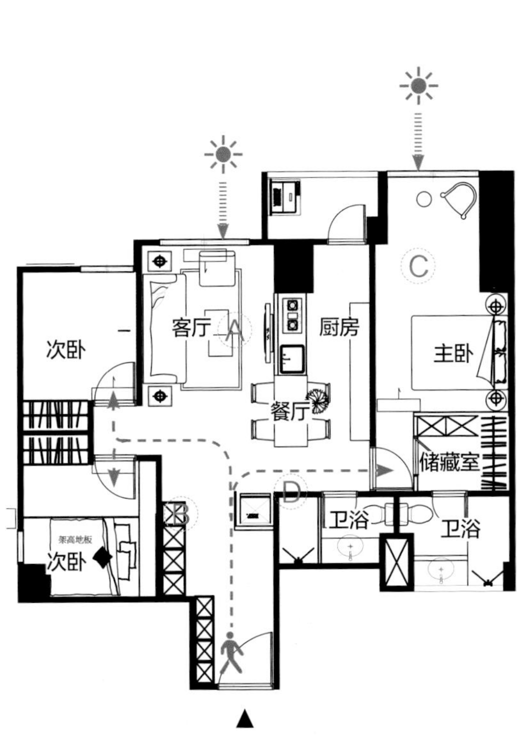

D 放大门片比例，让空间更大气

卫浴与储藏室门片整合成2片加大门板，精简过的墙面线条变得更利落，放大的门板也可改变小空间观感，展现出大气感。

案例

15

用一组明黄色地柜，点亮北欧风素净小家

问题点 **户型格局零散、斜面超多，厚梁横亘在公共区域中央位置**

房主需求 **主卧不用太大，厅区才是主要活动范围，希望能营造放松休憩的北欧风居家**

房屋在购入时为毛坯房状态，但隔间墙不合理，大多需要拆掉重做，加上户型特殊、斜面超多，因此，如何重新合理分配功能区域，就成为设计师的第一要务。

房主希望放大公共区域，给自己一个自由空间。房子正对河岸，拥有整面河景窗，设计师充分利用这一得天独厚的条件，将客餐厅、浴室设置于此，使之成为观景VIP区。搭配以纯白、浅灰为主色调的北欧氛围，点缀明黄色柜体、通透玻璃砖，沐浴在日光中的居家更显轻盈。旧有的结构厚梁三面粘贴明镜，巧妙隐身于浅色背景当中，压迫感顿时消失得无影无踪。

格局重整后，大而方正的区域保留给房主最重视的公共厅区，厨房与工作阳台因管线关系不挪动。而让人头疼的零散角落则入卫浴和独立更衣间当中，借此隔出完整寝区。其中更衣间为居家最重要的收纳所在，令其他空间得以减轻收纳柜配比，间接释放更多视觉空间。

歪斜户型仍能隔出完整的主卧、客卧，同时厚梁也修饰于无形，优秀的设计并非花枝招展的表面装饰，而是润物细无声地给人以舒适空间。

面积 / 78平方米　**家庭成员** / 1人　**格局** / 客厅、餐厅、厨房、主卧、客卧、更衣室、卫浴、洗衣间　**建材** / 超耐磨地板、铁件、长虹玻璃、玻璃砖、瓷砖、组合柜

图片提供_方构制作空间设计

A 大面积渐变灰瓷砖作最佳配角

渐变灰色瓷砖铺陈玄关地墙，延伸至餐厅背景墙，利用其不呆板的拟自然特点，使之成为房屋最低调的大面积配角。

B 厚梁粘贴明镜，降低存在感

厚达50~60厘米的粗梁横亘厅区中央，在后梁以白色为主调的房屋空间中，三面粘贴明镜，使其达到“隐形”效果。

C 细致白砖墙凸显房屋低调质感

设计师于沙发后方重砌墙面、隔出独立更衣间，选用女主人钟爱的白砖墙做厅区背景，隐约纹理与洁净面貌，凸显房屋低调质感。

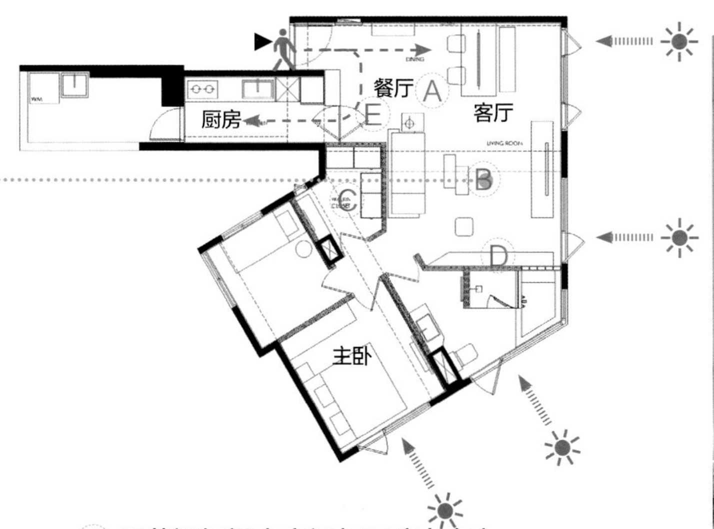

D 明黄矮柜提亮空间却不喧宾夺主

沿着墙边立着一排明黄矮柜，成为满室轻浅色调中画龙点睛的视觉重心，减轻柜体重量感，使其亮眼却不喧宾夺主。与浴室相邻处铺贴一面玻璃砖墙，利用其透光不透影的材质特性，分享两侧对外光源之余仍兼顾隐私。

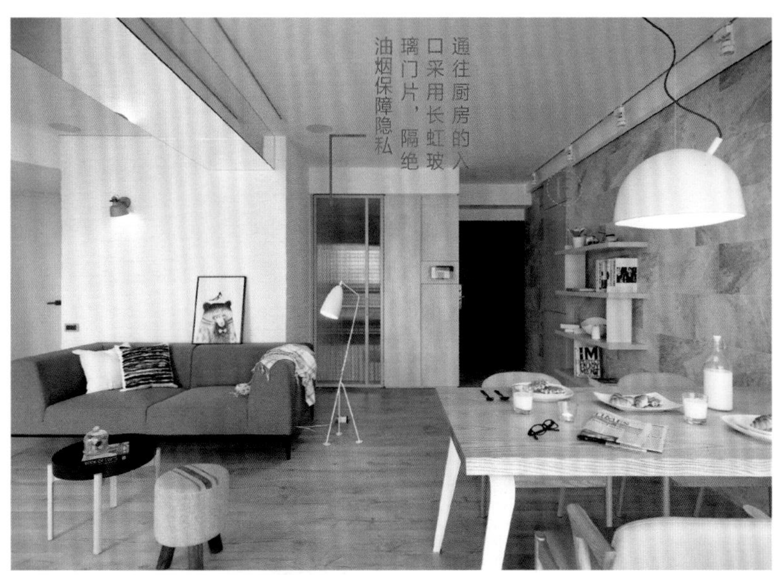

E 长虹玻璃妆点利落现代空间

厨房门选用半透明的长虹玻璃，赋予房屋中心位置一个轻盈通透的点缀，与明镜厚梁现代感相互呼应。

案例

16 布局重组，让老房焕发自然魅力

问题点 老旧公寓隔间过多，不符合现代生活形态

房主需求 让空间看起来宽敞，使用上具备弹性

这个案例也有老公寓最常遇到的隔间过多的麻烦问题，空间并非越多越好，而是必须赋予意义才能发挥隔间功能，此房原为3房的格局，目前只有房主1人使用。设计师便将3房改为2房，舍弃不必要的隔墙，直接以开放式呈现，或是以推拉门辅助，如今房主完全能享受在家中畅行无阻的生活。

以“大套房”概念融入设计里，拆除次卧后，强调出使用核心。客厅、卧室之间仅用推拉门分隔，拉上能清楚定义公私领域，打开后消除了隔间，房主可以在大空间内休闲放松，就好比卧室与客厅在拉开拉门后尺度瞬间放大，甚至房主还能躺在床上看客厅里的电视，空间、功能不因隔间形式的改变而有所影响，舒适感大幅提升。

天花板不多做处理，用净高度展现不一样的视野。此外，以自然素材来修饰空间，比如松木夹板和欧松板（也叫定向结构刨花板）都能营造自然味道，也通过这些原汁原味的木素材，让心境获得解放。

面积 / 66平方米 **家庭成员** / 1人 **格局** / 客厅、餐厅、厨房、主卧、次卧、卫浴 **建材** / 超耐磨地板、石板地板、松木夹板、欧松板、台湾桧木

图片提供_六相设计

Ⓐ 改变隔间传统形式，换来自由舒适空间

在拉开推拉门后，无论是卧室还是客厅，尺度瞬间放大，想躺在床上看电视更不是梦想。空间、功能不因隔间形式的改变而有所影响，反而换来无比舒适的使用感受。

天花板不再多做处理，尽量保留原始高度

通过格局、动线单纯化处理，扩大空间尺度

大刀阔斧拆除厨房隔间墙，让厨房与餐厅合二为一，整体变得通透又明亮。

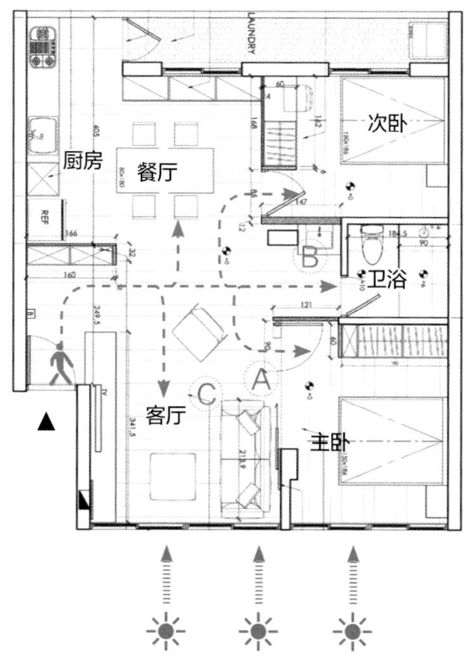

B 独立洗手池，让使用空间更舒适

为了让卫浴空间更完整，特别将洗手台移至外部，使用功能互不干扰。

C 空间兼具独立与弹性

虽然说各个空间面积相互有重迭，但每个单独的小环境都能兼具独立与完整。

案例 17

减少隔间，以空间层次区分使用功能，家人生活更自由

问题点 原始格局配置不佳，浪费空间不好做规划

房主需求 希望格局重整，但要保留2房，还要隔出一间书房

这是一间新房，空间虽然看似相当充足，但缺乏合理的规划，以至于并不符合房主生活需求，除了希望能将现有空间重新整合外，房主还希望在保有2房格局下，可以再隔出1间书房。

略偏长形的公共空间，首先以不同地坪材质画出内外分界，将部分空间规划成玄关，并在这里设置大型柜体，打造一个舒适的穿鞋区；剩下的空间则一分为二，各自分属于客厅与餐厅2个区域，舍弃容易让空间感到封闭的实墙隔间，改成一道横拱门，除了替整体空间定调外，也确保在维持开阔空间的同时，能通过视觉焦点转移做出隐性隔间效果。

原本预计作为餐厅的空间，显得过大且浪费，于是砌出一道清水模建筑名词，指用清水混凝土灌浆凝固拆模后形成的建筑素材短墙，并加装玻璃旋转门改成房主期待的书房。实墙刻意不做满，是避免实墙面积过大容易让人感到压迫，而清透的玻璃材质不只能让线延伸，来自后阳台的光线，也能顺利引入室内直达厅区，化解中段没有开窗缺乏采光的问题。

面积 / 83平方米　**家庭成员** / 夫妻+1儿童　**格局** / 玄关、客厅、厨房、餐厅、书房、主卧、儿童房、卫浴　**建材** / 清水模、铁件、黑玻

图片提供_Reno Deco Inc.

Ⓐ 减少隔墙延展空间感

减少隔墙，仅利用门框隐性界定空间，空间得以保留完整，必要的隔间则采用清玻璃完成，让视觉保有通透感。

Ⓑ 适度冷色调，营造宁静感

卧室进门处顶天立地的高柜，营造睡眠区的隐秘感，并利用深色调与黑玻璃，营造出沉静的氛围，让人可以一夜好眠。

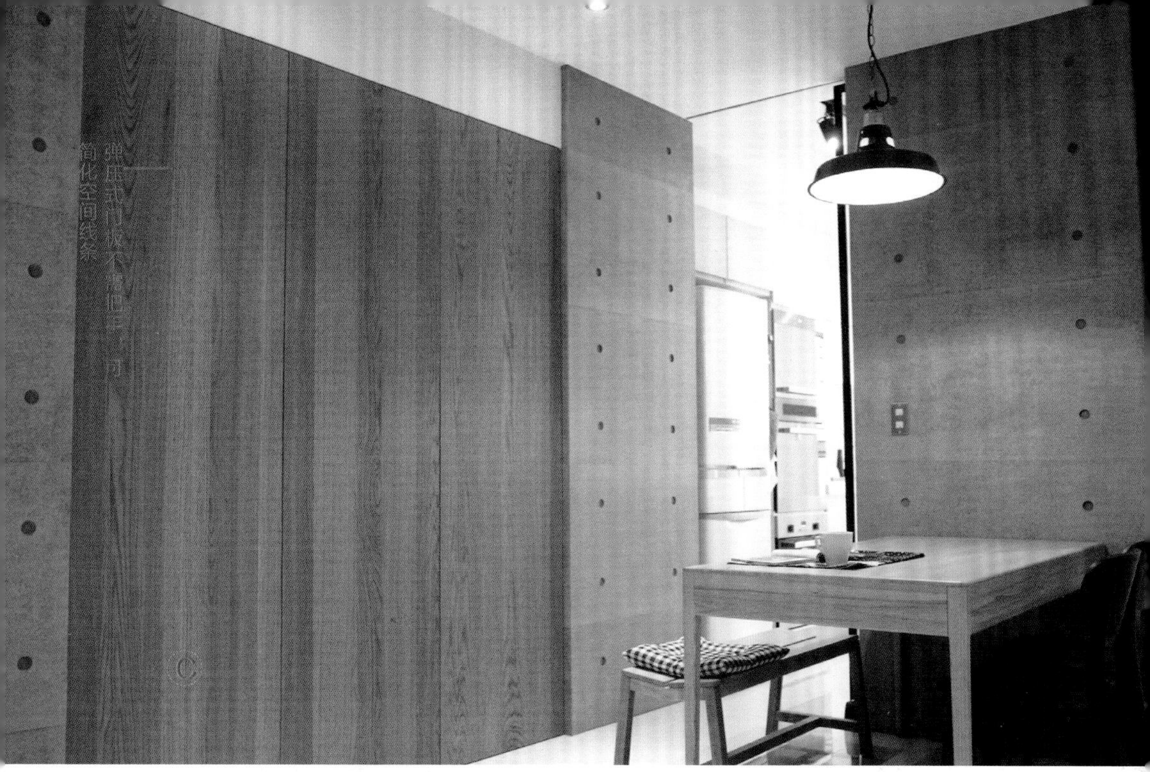

弹压式门板不需把手，可
简化空间线条
C

Ⓒ 拉平梁柱线条打造储藏室

利用梁下空间打造一个可收纳全家杂物的储藏室，隐藏式门板设计，更显墙面线条的利落与大气。

卫浴
卫浴
B
主卧
更衣室
书房
餐厅
A
客厅
厨房
C
D

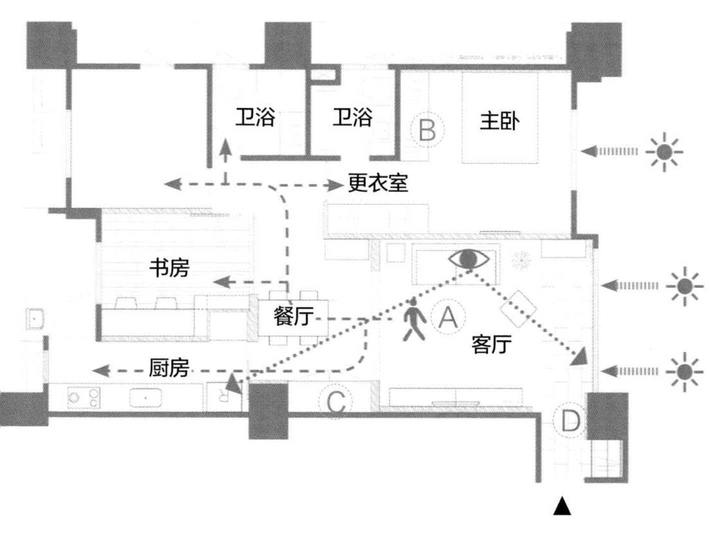

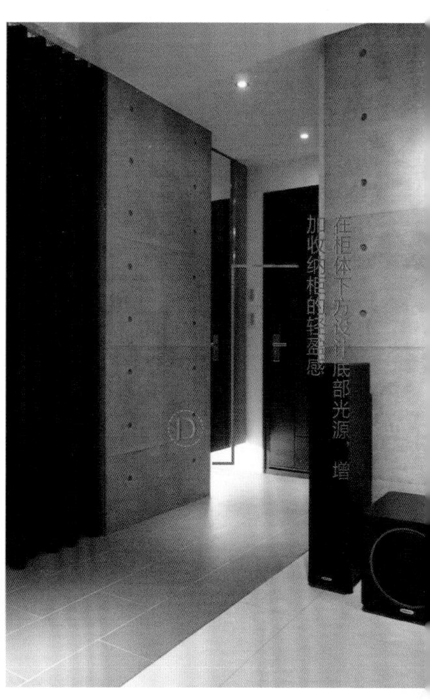

在柜体下方设计底部光源，增
加收纳柜的轻盈感
D

Ⓓ 利用高低差与异材质划分空间

通过地板的些微落差与不同地坪材质明确界定公私区域，梁柱与墙之间的不规则零散空间做成鞋柜，善用空间又满足收纳需求。

小户型空间视觉感放大妙招

虽然空间大小无法改变，但借设计手法及材质的运用，可以有效放大空间视觉感，让人居住在小户型里时，不再感到狭窄不舒服，而是拥有舒适乃至开阔的感受。

图片提供_邑舍室内设计

妙招1/大面积窗户让视觉空间开阔

运用大面积透明玻璃窗，可以将屋外的景观延伸至屋内，视野也跟着变得开阔，有放大空间的效果。

妙招2/ 无接缝材质扩展空间

可利用无接缝地坪材质，如磐多魔或者水泥粉光，这些材质一体成型无接缝的特性，让空间不被分割，进而达到扩展作用。

图片提供_邑舍室内设计

图片提供_成舍设计

图片提供_成舍设计

妙招3/ 玻璃推拉门隔断轻盈又通透

玻璃推拉门具穿透性，可作为隔断又能让空间保持开阔感，若希望保有隐秘性，可选择磨砂玻璃。

妙招4/反射建材创造空间层次

具反射效果的建材可充分延伸视野，除了镜面材质外，不锈钢铁件、钢琴烤漆等也具有反射性，有延伸视觉、丰富层次及放大空间的作用。

图片提供_KC design studio

妙招5/ 浅色明亮建材强调无压感

地板、墙面与木作，选择色泽清淡且明亮的建材，如抛光石英砖、白色油漆与浅色洗白木皮等，可适度扩展空间，带来无压感受。

图片提供_馥阁设计

图片提供_KC design studio

妙招6/ 透光明亮的玻璃屋

将小户型中拥有采光条件的空间规划为玻璃屋，可让整体空间采光更佳，而且透明玻璃也可让视觉向外延伸。若担心隐私，可适度加装卷帘或拉帘。

妙招7/ 简约设计使空间变大

小空间应避免过于繁复的设计，光线及造型线条设计尽量轻薄短小，楼梯、电视墙、床头板等，造型也是越简约越好。

图片提供_成舍设计

妙招8/ 往上发展，空间更多

平面空间受限，使用面积很难再扩大，但空间可以往上发展。挑高空间配大落地窗，能展现开阔感，收纳空间垂直发展，便能争取更多使用空间。

图片提供_馥阁设计

妙招9/ 茶色玻璃取代透明玻璃

为避免透明玻璃的直接透视，可改用茶色玻璃、灰色玻璃等有色玻璃，让光线能够穿透，视觉隐约延伸，也能营造空间氛围。

图片提供_成舍设计

妙招10/ 适当留白处理

在局部墙面做留白处理，让空间能轻松自在地呼吸，小户型空间就不会因过多装潢而显得更加狭小、拥挤。

图片提供_只设计

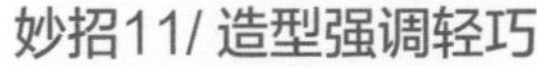

妙招11/ 造型强调轻巧

小户型应尽量保持建材的穿透性，在楼梯栏杆、柜体面板等处，可以镂空式、骨架式等设计呈现，隐约穿透的视觉让空间更有层次，又可减少压迫感。

图片提供_杰玛设计

妙招12/ 简化门板柜体，减少视觉压力

大型储藏柜不妨以无把手设计，让空间变得更简洁、利落。

图片提供_WW DeSign

妙招13/ 用不同地坪划分空间

利用不同的地板材质区分空间，既能做到界定空间功能，又能保留完整的空间感。

图片提供_里心设计

妙招14/ 镜面柜体门板视觉反射延伸

收纳柜门板加装镜面，反射效果使得空间更显开阔，建议可采用茶色或黑色镜面，让视觉隐约反射延伸，又能增加空间暖度。

图片提供_里心设计

妙招15/ 用高低差区隔空间

利用地板或天花板的高低作为空间上的区隔，可区分空间的属性及功能，视觉上也因为少了隔间而有放大效果。

妙招16/ 天花板减少过多设计

天花板尽量减少设计，让垂直高度线条简洁，空间就会看起来更高挑，更显宽敞。

图片提供_里心设计

Chapter 3

灵活布局、合理收纳，小家不乱也不挤

多功能设计，这样做才好用

小户型空间有限，但生活功能却不能被牺牲，因此小户型空间里便衍生出了多功能设计，让一种物品不只有单一功能，可能是家具同时也是隔间墙，借功能的整合，让一种设计满足多种需求，有效解决空间不足的问题，同时也兼顾到生活的舒适与需求。

[小家放大术1]

活用收纳墙设计，隔墙、收纳一并做到位

[针对困境]

柜子挤满了房间

收纳向来是狭小空间里不可或缺的设计元素，既要能满足需求，又不能让空间因此变得狭窄，因此，不如采用收纳墙设计挖掘出多余空间。比如利用隔间墙深度，挖空嵌入收纳空间，或者干脆以双面柜体取代实体隔墙，让柜体具备收纳、隔间两种功能。此外，电视柜的主墙面往往面积不小而且完整，以此来看，也是个不错的延伸处，且其深度通常不少于45厘米，所延伸出来的柜体可以放置的东西就相当多元，只要配合一些小篮子或是收纳盒做好分类，就可以将大大小小的东西都放进去了。

图片提供_邑舍室内设计

手法1　墙柜合一，创造双赢的收纳空间

隔断大多有10厘米以上的厚度，对于小户型而言，即便是10厘米见方的空间也应该要设法运用。不妨舍弃传统的实墙隔断，改以双面收纳柜作为空间隔墙，既不影响空间大小感受，同时又可满足收纳、隔断的双重需求。

客厅与厨房的多功能隔架，结合了展示、收纳及隔屏功能

图片提供_成舍室内设计

手法 2　双面柜满足多重需求

一般来说，用于分隔不同空间的隔断墙通常都是实体的，但是如果两个空间并不需要太多隐私，或者隔断只用于暗示性分区，譬如厨房与走道、客厅与餐厅，则可采用双面可用的空格状柜体，这样双面收纳功能加倍，又能适度分隔两个空间，若还是担心会给空间带来压迫感，则可选择高度较低的双面柜，同样可达到收纳、隔断的双重效果。

内行人才知道

图片提供_成舍室内设计

双面柜背板加厚，可有效解决噪音问题

如果两间卧室之间利用双面柜做分隔，建议将双面柜的背板加厚，使用1.8厘米的木芯板。另外，如果想用书柜当作卧室和书房的隔断墙，不妨在书柜背板中间加入吸音材料，能有效解决隔音问题。

[小家放大术2]

多功能设计，借用空间巧做收纳

[针对困境]

面积太小，收纳空间永远不够

在空间面积受到限制，又希望住得舒适的前提下，将多种功能整合到一起的复合式设计，能赋予了小户型空间更多可能，也因此空间设计除了单纯的收纳功能外，还发展出可延伸性的功能。例如楼梯亦可设计成抽拉式、上掀式收纳；可坐可卧的卧榻下方则是收纳空间。不仅如此，原本功能单一的家具也能发展出复合式功能，例如客厅的沙发，可以依照空间尺寸特别订做成收纳沙发，或是规划成L型休憩区，沙发下方打开随即变身为收纳小柜，可放置寝具、书报或鞋子，大小杂物各自井然有序，好收好取，居家整理不费力。

图片提供_白金里居设计

手法 1 转折楼梯多出一倍收纳

角落转折的楼梯设计不但节省空间，而且还可针对其特性，规划独特的收纳空间。一般的楼梯收纳大多以抽屉收纳为主，但这并不是唯一方法，其实在楼梯板转折的位置，下方可规划成收纳空间，考虑到深度可能较深，可搭配上掀式设计，方便收放物品。

手法 2 架高木地板，睡眠收纳两相宜

图片提供_只设计

图片提供_只设计

为了让空间使用更具弹性，小户型空间经常会架高木地板或者是规划和室（指可席地坐卧的房间，常搭配地下收纳空间），又或在临窗处设置卧榻，如此一来，空间的使用更多元，上方可作为宽敞舒适的卧铺、休憩空间，掀开坐卧的板层，下方就是可大量收纳杂物的空间。

［小家放大术3］

能收能放，多功能家具重组空间可能性

［针对困境］

家具多了占地方，少了又不够用

多功能与复合式的设计，大多会运用于收纳，但在空间有限的小户型中，除了需要满足对家具的需求，还要考虑到空间大小、动线等问题。因此，建议采用订制家具，一方面可在尺寸上有更多变化、选择，空间也能被更有效地运用，而且合乎空间尺寸的家具，可让空间看来更为利落，生活变得更加舒适。量身定做的家具可视空间的特性创造出可收放、可折迭等各种功能，提升家具与空间的功能性。

图片提供_甘纳设计

手法1 兼做化妆台的收纳柜

有时空间难免会出现不规则角落，此时大多会打造成收纳空间，但若能更进一步利用设计巧思做安排，就能创造出女主人的梳妆柜，让空间使用达到极致。

手法 2 可收放于无形的家具

空间过于狭小时，可多利用具有可折迭及可收纳功能的家具，借收放、折迭让出更多空间，进而提高空间功能性与使用平效。

图片提供_六相设计

手法 3 伸缩餐桌调整空间弹性

小户型的房子，每个空间更须善加利用，对于餐厅的配置，应考虑到家中成员人数。伸缩餐桌是一个不错的选择，保留平常生活起居的动线，预留宾客造访时的空间，伸缩餐桌能让空间提升功能性。

图片提供_隐巷设计顾问有限公司

案例 01

减一房、转门向，用技巧放大空间，增加收纳

问题点 3房交汇的走道区域非常阴暗，卫浴空间狭窄，且没有干湿分离

房主需求 仅需要2房，但希望厨房家电、生活用品都能有足够的收纳空间

这间房龄15年的房子，虽然原始格局配置了3房，然而室内面积仅有69平方米，房间、厨房狭小难以使用，房主也烦恼着冰箱该如何摆放。讨论过程中，日剧《月薪娇妻》的中岛厨房勾起夫妻俩对生活的共鸣与想象，于是设计师将紧邻厨房的卧室取消，以开放厅区与最大化的U型厨房作为生活起居中心，一边下厨一边能与家人谈天说笑，并获得更为开阔舒适的空间感。一方面，利用入口右侧的结构柱深度，摆放餐厨区的大面收纳柜，同时留出冰箱摆放的空间。

不仅如此，两间卫浴重新规划，主卫特意缩减为单纯的盥洗、如厕功能，客卫在最小的合理尺度下，做出容纳四件式卫浴设备的干湿分离空间。甚至通过主卧室门的转向调整，巧妙创造出一个小储藏间，也拉大了主卧衣柜的面积，无形中为小户型带来许多收纳功能。而原本阴暗的走道区域，经由格局的开放提升了明亮度，并刻意选搭深灰墙漆，周围门片也运用同色的隐藏处理手法，让走道彻底虚化，搭配画作、灯光运用，反倒呈现出如画廊般的质感与效果。

面积 / 69平方米　**家庭成员** / 3人　**格局** / 客厅、厨房、餐厅、主卧、儿童房、卫浴×2　**建材** / 超耐磨木地板、瓷砖、涂料、黑板漆、木皮、花纹玻璃、铁件

图片提供_实适空间设计

Ⓐ 悬浮柜体弱化大梁与柜体重量

客厅主墙利用木质平台整合了鞋柜与设备收纳柜，平台右上方搭配木作烤漆层架，形成活泼且充满变化的陈列功能，柜体深度刻意与大梁一致，加上大梁以白色处理，削弱了存在感，并涂刷与厨房一样的绿色墙漆，通过整体感达到视觉放大的效果。

Ⓑ 格局重整、隐藏门片让走道虚化

取消1房，换来开放式大餐厨的舒适空间，餐桌合并书房概念，吧台转角实现书籍、文具收纳，使用更合理、便利。原有阴暗无光的走道区域，在格局重整之下，提升了明亮度，同时以隐藏门片设计整合墙面，深灰基调为室内营造出画廊氛围。

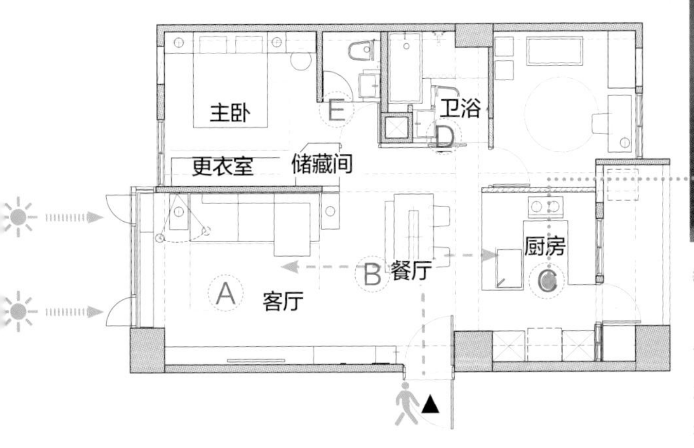

C U型厨房创造极大收纳量

拆除一房后，设计师打造出功能全面的U型厨房，相较一般人造石材质，台面特别采用布纹瓷砖搭配不锈钢收边，呈现出独特的质感，右侧墙面则是整合了家电柜、杂货柜与冰箱的收纳区，提升了功能性。

D 微调放大，打造四件式卫浴空间

两间相邻卫浴重新规划，主卫适当压缩，仅满足基本的盥洗、如厕功能。客卫做成紧凑的四件式卫浴，使用更便利。

E 粉红墙面与砖材搭出复古感

主卧室延伸厅区的灰色基调凸显主墙，卫浴缩小后改为纯粹的盥洗、如厕功能，小空间特别选用图案鲜明的地砖铺设，墙面则是粉色涂料与手工瓷砖搭配，呈现出宛如置身于欧洲的复古氛围。

案例
02

以柜体作隔断，增加收纳，提升平效

问题点 43平方米隔出2房，原始卫浴很小，空间使用有限

房主需求 要有一般小家庭的生活功能，以及足够的收纳空间

仅有43平方米的房子，却配置了2房，入口右侧的卫浴狭小封闭，左侧墙面后方是厨房，动线迂回，也造成玄关的压迫拥挤。如何妥善利用空间，是对设计师最大的挑战。

因此，设计师将空间一分为二，左半部是公共厅区，厨房移往前端享受光线洒落的美好，右半部就是私密的卧室、更衣室、书房。为了获取如同大户型的生活功能，绝大多数收纳皆集中于公私区域的中间，避免空间因收纳而被过度压缩。入口处运用侧拉式鞋柜解决无法设置玄关的状况，一旁的柜体则满足客厅多元化的收纳需求。屋内的隔间以双面柜取代，对客厅而言有电视墙、高柜、大抽屉可使用，背面则是卧室衣柜。卧室与更衣室同样以衣柜分隔，一边是床头收纳随身物品的平台，另一边就是大容量衣柜。餐厅旁的高柜内则安置了电器柜、冰箱、洗烘一体机。房子虽小，功能一样都没少，餐桌上端还将灯光与展示柜结合，满足功能之外亦满足房主对北欧风的喜爱。

面积 / 43平方米　**家庭成员** / 2人　**格局** / 客厅、餐厅、厨房、主卧室、更衣室、卫浴　**建材** / 橡木、亚克力漆、木纹砖、实木地板

图片提供_十一日晴空间设计

Ⓐ 柜体集中，兼顾功能与空间感

将多数收纳柜体集中安排在公私区域的隔间，小房子的电器高柜、冰箱、洗衣机等设备摆放位置一样也没少，又能让空间较为宽敞舒适。

在柜体上方和下方做通风口，让空气流通

Ⓑ 侧拉鞋柜解决无玄关问题

无法设置玄关但实际生活功能还是得兼顾，于是利用沙发旁的位置规划侧拉式鞋柜，不占空间又方便拿取。

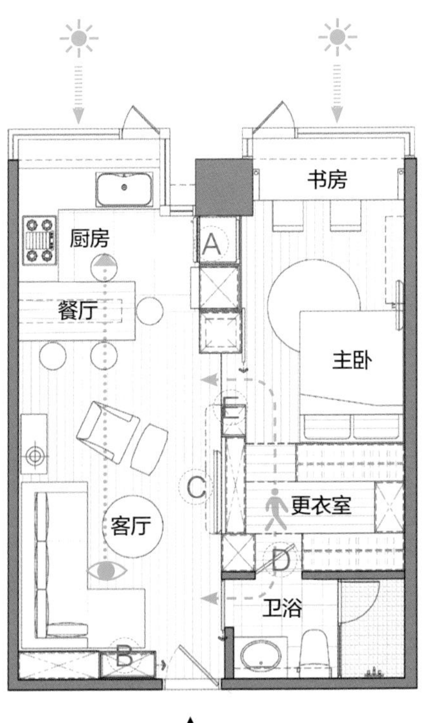

Ⓒ 电视墙结合置物柜

简洁利落的电视墙体，打开右侧是影音收纳柜，下方还有大抽屉可以使用，木平台下还能用活动藤篮增加收纳。

Ⓓ 推拉门片省空间

除了卧室通往浴室为一般门片，其他皆采用推拉门，相比之下更节省空间。

Ⓔ 公私区域都能用的双面柜

双面柜的好处是可以利用墙面的厚度，电视墙后方是卧室衣柜，床头平台也兼具衣柜功能。

案例 03 大容量柜体贴墙而设，宽敞小空间也能拥有大收纳

问题点 **原始空间配置不合时宜，区域切割琐碎导致室内昏暗狭窄**

房主需求 **以做料理与在家工作为生活重心，享受轻松不做作的惬意小日子**

房主夫妻接手父母的公寓老宅作为新婚居所，房屋依然是数十年前3房2厅的标准格局，实墙隔间将前后阳台的自然光源遮蔽殆尽，房主最重视的厨房又位于房屋后方，格局与现代生活习惯不符，使用起来相当不便。

为了量身打造新居，设计师拆除多余房间，将厨房前移，把客厅、餐厅、厨房等功能整合到一处，同时拆除实墙，打开前阳台对外窗，使公共厅区能充分沐浴在自然光中。值得一提的是，橱柜与书柜、鞋柜都贴墙放置，保留能自由行走的回字形动线。通往后阳台的过道宽度设置为95厘米，仿若公共区域延伸，视觉的舒适感令空间更显宽阔。

由于房主夫妻都在家里工作，也享受在家烹饪三餐的健康生活，设计师利用功能重迭概念，让餐桌不仅是用餐场所，摆上电脑亦可成为私人工作台。从大门延伸至客厅的N字形书柜，收纳大量参考用书与CD，下方书柜则暗藏上掀层板，方便房主独立工作。厨房规划 L 型橱柜，拥有总长超过6米的台面，在此烹饪时格外轻松，下方柜体可从容收纳各式锅具、碗盘，令公共空间更显简洁。

面积 / 66平方米　**家庭成员** / 2人　**格局** / 客厅、餐厅兼工作室、厨房、主卫、客卫、主卧、儿童房　**建材** / 水泥粉光、黑铁、不锈钢、木皮染黑、实木地板

图片提供_工一设计

Ⓐ 脚踏车壁挂释放阳台空间

将原本夹层位置改变，便可引进大量自然光线，公共区域变得更明亮，自然能有效展现挑高的空间感。

Ⓑ 书柜区暗藏工作台面

N字形开放式黑铁书架从入口处延伸至客厅，用来收纳、展示房主大量藏书与CD。下方收纳柜则暗藏上掀层板，可作为工作台面使用。

Ⓒ 电器功能集中厅区中心柱体

以公共区域柱体为中心，设计师将功能柜体集中于此，规划了黑铁收纳柜，电视转角的电器机柜，以及后方被洞洞板巧妙遮蔽散热的冰箱等。

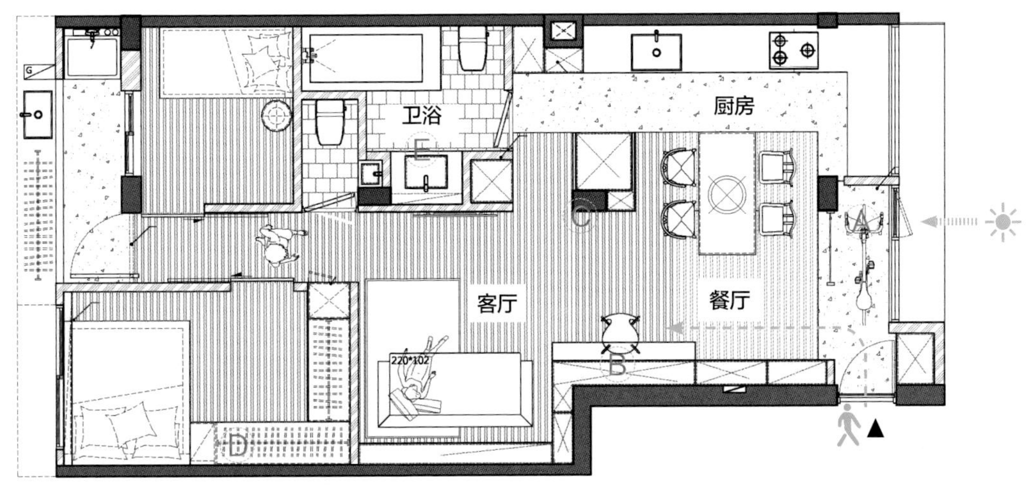

D 衣柜结合床头柜

主卧L型落地衣柜采用横拉门设计，节省开关门回旋空间；与床相邻处则转向做多层床头柜，更添便利。

E 水泥洗手槽内嵌于墙柱之间

客卫仅1.7平方米大小，设计师在墙与柱之间利用水泥粉光量身订制内嵌式洗手槽，同时选择墙出水龙头，令狭小区域也拥有充裕的使用空间。

案例04 善用挑高与地台，变零碎畸形角落为舒适空间

问题点 **次卧是暗房，走道也是暗廊，零碎空间角落过多**

房主需求 **需要大量的收纳空间，女房主需要更衣室**

这间50平方米的新房在改造设计时，除了要符合男女主人的个性需求，还要照应到家中的猫咪，以及未来新生儿的生活。打开无光照的次卧纳入客厅使用，借此扩大公共区域的使用范围，开放式的客厅、餐厅之间动线流畅，减少过道与转角的浪费。

由于房主本身的旧家具仍要进驻新房里，加上男主人拥有大量的书籍，因而必须要有强大的收纳功能。客厅的吊柜正好为男主人提供书籍收纳，同时也成为客厅的视觉焦点。卧室以通铺概念设计，架高木地板，床铺下便增加了收纳空间，也让原本难以使用的斜角区有了发挥之处。

原先过道化身为女主人梦想的更衣室，阁楼楼梯下方零碎空间最适合收纳。麻雀虽小，但仍旧有阁楼、更衣室等空间的容身之处，所以千万别被面积和异形空间所局限。

面积 / 50平方米　**家庭成员** / 2人+1猫　**格局** / 客厅、餐厨厅区、主卧、多功能夹层、阳台　**建材** / 橡木贴皮、木板烤漆、缅甸集成柚木板、松木板、黑铁烤漆、冲孔板烤漆、环保漆、超耐磨木地板

图片提供_一叶蓝朵设计家饰所

Ⓐ 扩大厅区使用范围满足书籍收纳

打开原本的次卧纳入客厅里，让原本的暗房也接收到充沛的采光，房主原有的旧沙发放进来刚刚好，吊柜书墙正好解决了男主人大量书籍收纳的困扰，电视墙的层板也能给猫咪玩耍。

Ⓑ 小阁楼为大人儿童保留弹性空间

利用3.4米挑高空间，创造一座多功能夹层，迷你阁楼平日可收纳置物，也可以是预备的客房，未来家中小朋友长大时，就能够布置成充满童趣的游戏室，原木的踏板不只温润空间气质，更是猫咪玩乐的最佳跳板。

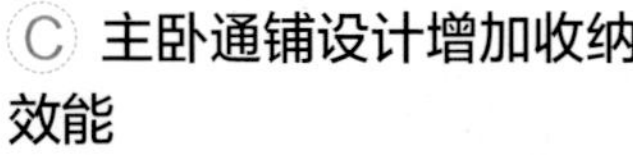

Ⓒ 主卧通铺设计增加收纳效能

针对房主要求的浪漫风格主卧，设计师选用了缤纷的马卡龙色系，另外考虑未来新生儿的需求，卧室舍弃床架，以架高木地板延伸床的使用范围，床铺下方收纳空间便可充分利用，并可使卧室的两面大窗发挥最大的采光优势。

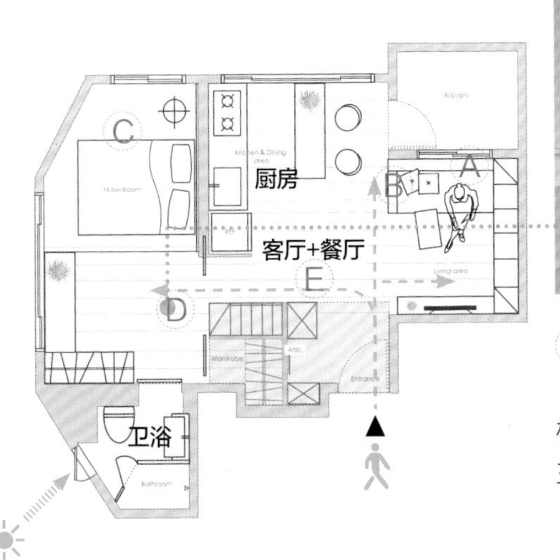

D 阁楼下的收纳辟出梦想更衣室

转换格局将过道规划出一处阁楼，阁楼下的空间能融入更多收纳功能，包括女主人所需要的更衣室。

E 开放式客厅、餐厅让阳光满室

因喜爱温馨感的居家氛围，整个公共空间特意将采光与通透感最大化，以白色为主色调，搭配超耐磨木地板的自然温润，让阳光可洒满全室，而打开客厅、餐厅的格局，能够化解转角与过道导致的空间浪费。

案例

05

多功能设计的度假小屋，满足房主多元化空间需求

问题点 以度假为主轴的空间，需要弹性且多元的功能规划

房主需求 这个家是度假居所，希望能让家人好友们聚在一起

69平方米3房2厅的新房，并非一般的住宅，而是房主夫妻招待亲友的度假居所。男主人希望能拥有完整的音响设备、红酒柜，家人们则希望能有舒适的娱乐休闲空间。既然是度假性质，下厨的频率微乎其微，因此可省略正式的餐桌，然而品酒场所、酒柜又该如何安排？设计师将厨房隔间拆除，由料理台延伸出弧形吧台，形成空间的核心地带，弧形吧台下便隐藏着酒柜，亲友们可一同坐在吧台小酌一番。

3房的格局虽未大幅调整，然而这里的卧室并没有按常规布置，而是采用活动隔断，如帘幔、推拉门等取代一般房门，用意在于卧室非单纯的休憩功能。客厅后方的卧室架高地板做成和室，利用零散角落规划的柜体内可拉出椅子，打开推拉门片可与客厅连通，如需休憩亦有私密性。另一间卧室则兼具多功能用途，架高地板内隐藏电动升降桌，可作简单用餐、午茶使用，地板下可收纳，墙面利用结构柱体深度创造漫画书柜，窗前亦有平台可阅读。透过复合性设计，满足多元化的度假需求。

面积 / 69平方米　**家庭成员** / 夫妻+2儿童　**格局** / 客厅、厨房、卧室x2　**建材** / 天然木皮、榻榻米、杜邦人造石、系统柜、磁性烤漆玻璃、超耐磨木地板

图片提供_幸福生活研究院

是拉门也是沙发背景墙，减少隔间争取更多空间与开阔感

Ⓐ 弧形吧台藏酒柜

取消厨房隔间的设置，拉出一道弧形吧台，成为度假居所的核心，吧台下隐藏酒柜功能，上端弧形吊顶还能收纳酒杯。

Ⓑ 独立书房兼琴房

考虑孩子偶尔需安静地阅读与练琴，位于空间最内侧的卧室规划为书房兼琴房，维持独立的隔间设计避免被外界干扰。

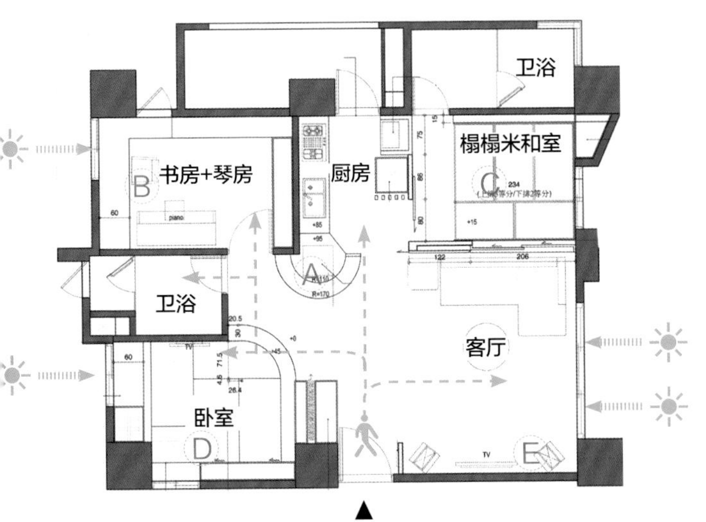

C 弹性的榻榻米和室

榻榻米和室位于客厅后方，墙面运用软包设计，以确保在此休憩更加舒适。利用窗边角落打造柜体，除了收纳还隐藏了座椅、抽屉。

D 架高和室是餐厅也是漫画屋

以木地板材质打造的架高和室，侧墙提供丰富的漫画收藏，电动升降桌可玩游戏、用餐、阅读，而架高地面也是收纳空间。

E 影音设备满足娱乐需求

男主人重视影音设备，预先规划好线路与设备的位置，让男主人能与亲友们坐在客厅舒适地享受音乐和电影。

案例 06

精算空间尺度，打造小户型超强收纳

问题点 夹层将原本采光遮住，空间缺乏采光

房主需求 希望可以改善采光问题，并增加收纳空间

原本挑高3.6米的夹层屋，却因为夹层位于靠窗处，不只遮挡住全室唯一的采光面，也无法发挥原本挑高的空间感，空间因此显得阴暗而且有压迫感。

首先，将原本的夹层移位，释放绝佳的大面积采光，有了光线与视野的提升，公共区域不只变得更加明亮、舒适，也充分展现挑高优势，让空间感更显宽阔。碍于只有单面采光，因此夹层主卧面向采光面，改以清透的玻璃结合镂空收纳柜做隔墙，不只顺利引入光线，视线透过玻璃延伸，也化解了夹层的狭隘感。

此外，由于房主东西特别多，在改善整体空间感之后，其中最需细心规划的即是收纳。设计师将所有收纳设计集中于楼梯及夹层下方部分空间，保留公共空间的完整。储藏室、大型收纳柜及楼梯三个主要收纳区精算尺度，充分利用垂直空间特性，使收纳容量倍增。

面积 / 33平方米 **家庭成员** / 1人 **格局** / 客厅、餐厅、卫浴、厨房、卧室 **建材** / 栓木、柚木、仿木纹天然砂岩PVC地板、铁件、灰玻璃

图片提供_白金里居空间设计

A 调整夹层位置，引进温暖自然光

将原本夹层位置改变，便可引进大量自然光线，公共区域变得明亮，自然能有效展现挑高的空间感。

B 根据使用方式定义空间

一字型台面上，既是料理台面又是餐桌，不拘泥于一种使用方式，充分展现了小户型多功能设计的巧妙。

C 空间因精确计算，运用更极致

想多出一倍空间，需在事前确认预计收纳的东西，接下来便可依照尺寸，将每个阶梯量身订制成超好用的收纳空间。

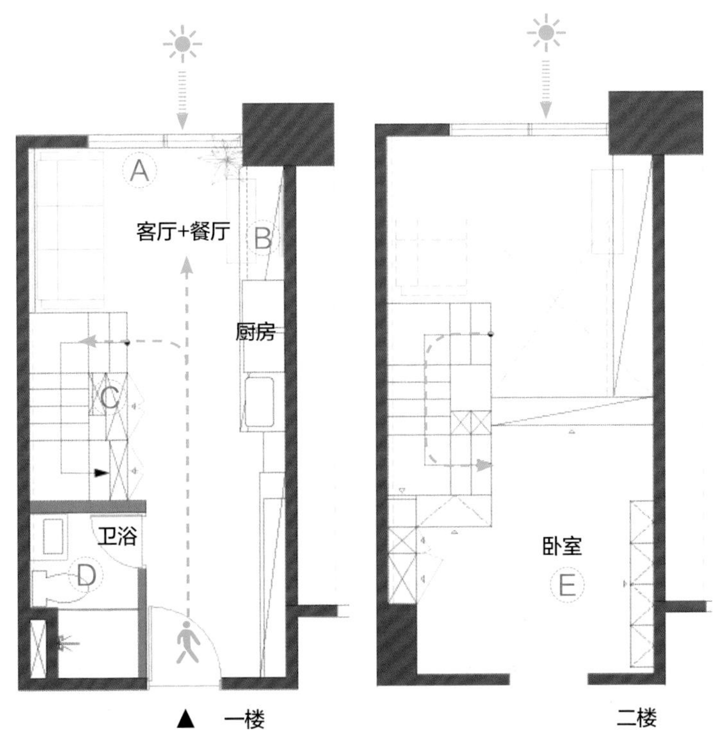

D 微调位置，空间就有放大感

原本的卫浴空间，因为卫浴设备尺寸过大，摆放位置不当，而显得拥挤不堪，经过重新调整尺寸、位置，就能享有更为宽敞的空间。

E 向下延伸，打造意外的收纳空间

减少设计，只利用轻透的玻璃隔墙，让主卧也能拥有自然光，至于收纳问题，则是向下延伸，以上掀式收纳地板增加储物空间。

案例
07

化缺点为优势，不能改动的承重墙成为居室改造的亮点

问题点 **原始空间隔间零碎且有不能移动的结构墙体，空间及动线被切割得零散且采光不佳**

，

房主需求 **希望有开放式厨房，能一边下厨一边陪小朋友做功课**

原始空间为30年老房，空间虽没有柱子却有一道无法移除的剪力墙，由于房主重视厨房空间，希望能有开放式厨房让她下厨时也能和小朋友互动，但原始空间零碎且阴暗，因此设计师深入了解空间特性并从房主的需求着手，让原本碍事的墙面反而转换为此案的空间优势。

为尽可能保持前后段空间的开放性，设计师以剪力墙为中心设计多功能的柜体，满足生活需求的同时减少不必要的空间浪费。入口玄关与客厅之间利用不同材质地坪划分区域，半高的电视柜让进门后视线不被阻隔，主要墙面不但是沙发背景墙同时也规划为开放式书柜，兼具展示与收纳用途。剪力墙另一侧移除原本与厨房相邻的卧室重新规划为全开放式厨房，配置L型台面与中岛再延伸搭配餐桌，使整个厨房具有便利动线与完整功能。主卧在餐厅左侧，运用半穿透茶色镜保持内外视线通畅同时引入采光，再以百叶窗维护卧室隐私。设计师在儿童房外侧墙面刷上黑板漆，满足小朋友喜欢画画的兴趣，同时也是亲子之间的沟通留言板。空间以浅色调与温润木质呈现，使这个功能齐全的小家空间流露出自然温馨的清爽氛围。

面积 / 74平方米　**家庭成员** / 母子　**格局** / 玄关、客厅、开放式厨房餐厅、浴室、卧室、更衣室、儿童房　**建材** / 板岩地砖、浅橡木超耐磨木地板、特殊漆、白橡磨砂木皮、黑板漆、不锈钢毛丝面、美耐板

图片提供_成舍设计南西分公司

Ⓐ 移除卧室后餐厨空间更有开放感

将原本位于厨房旁边的卧室移除，规划了一个容纳用餐空间的开放式厨房。并将原本通往后阳台的出入口改为窗户，以便增加料理台面的使用面积，另外将原本卧室的窗户改为落地窗，并作为新的后阳台出入口，原本阴暗的空间因此充满了自然光。

Ⓑ 不同材质地坪区分内外空间

空间面积虽然有限，但房主仍然希望能规划玄关并预留壁挂脚踏车空间，因此以不同材质地坪清楚地界定内外，电视柜让空间区域划分更为明确，以半高隔断的设计让进入空间后的视线延续。

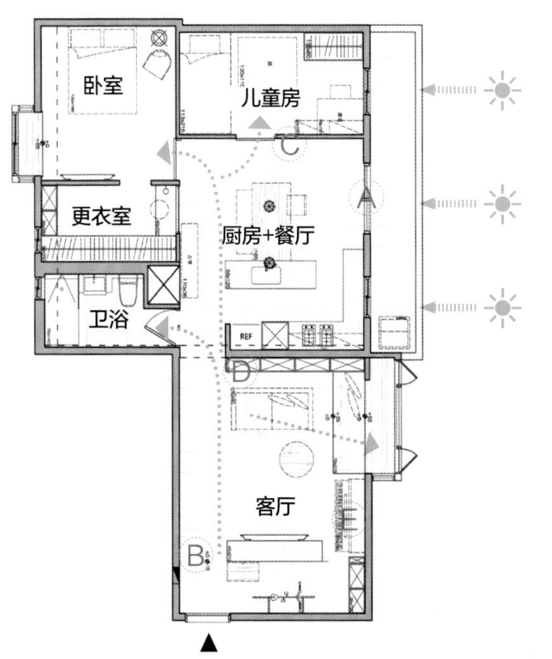

C 黑板漆墙面创造空间趣味性

主卧和儿童房皆改为推拉门，以争取更多使用空间，与卧室同一区的餐桌平常也是小朋友做功课的地方。

D 大面书墙成为空间焦点

无法移除的剪力墙让前后空间各自开放也保有独立性，客厅部分利用墙面打造一面书墙，作为书籍收放及收藏品展示区，创造出空间视觉焦点。

E 善用多功能柜创造最大使用效益

空间里有许多整合多种功能的柜体设计，比如电视柜不但能收纳视听设备，侧边也具有收纳作用，窗边卧榻让小朋友能在妈妈陪伴下午睡，卧榻下方同样可以收纳抱枕等杂物。

案例
08

超极限的复合式设计，矮柜也是座椅，橱柜整合电视柜

问题点 小房子有2.8米、4米两种高度，一进门就是厨房，空间很拥挤

房主需求 需要很多收纳空间，喜欢下厨，希望室内能放得下大容量的冰箱

这间小套房的原始状况很特别，入口处拥有独立的玄关，进入室内之后，左侧是正常2.8米的高度，右半部则是挑高4米，而且两边的地面高度有大约62厘米的落差，室内有效面积很小，扣除玄关仅剩下21平方米，加上夫妻俩又非常重视收纳，还希望能买一台大冰箱，偶尔长辈来访也需要独立的客房。

麻雀虽小，但要五脏俱全。设计师首先拆除挑高区和玄关的隔间墙，并设置台阶，进门后往内走下去就是卧室，原来的厨房则往内挪移，将前端规划为客厅，空间自然而然地公私分区了。

功能部分则巧妙利用地面的落差与挑高，公、私领域之间以中岛收纳柜分区，收纳柜整合鞋柜、矮柜、收纳柜、电器高柜，其中矮柜结合座椅功能，辅助客厅的座位需求。电视墙则与橱具结合，以黑铁打造的电视柜又与电视巧妙融合，下方则特别选用与橱具一致的材质制作抽板收纳影音设备。而橱具侧边更有隐藏掀板可扩充小厨房的台面空间，透过复合设计概念，为小户型创造意想不到的收纳功能。

面积 / 38平方米 **家庭成员** / 夫妻 **格局** / 客厅、厨房、主卧、浴室、书房（客房） **建材** / 亚麻仁油地板、结晶钢烤、铁件、木作刷漆、人造石、磨砂玻璃

图片提供_力口建筑

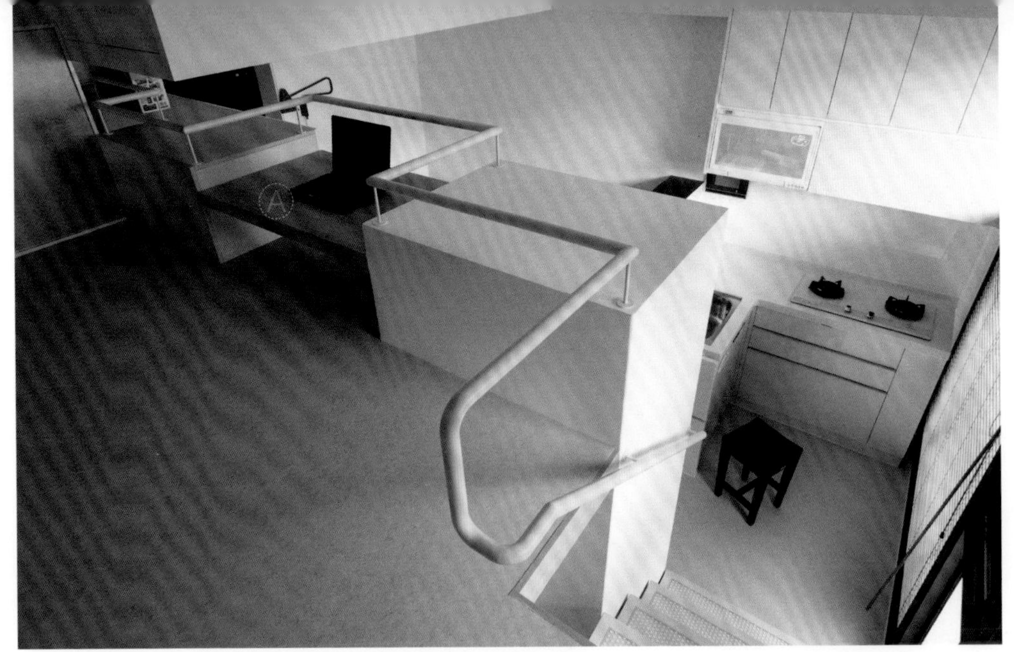

A 利用挑高4米规划夹层，创造书房+客房

利用挑高4米所规划的夹层，高度有1.8米，对房主夫妻来说可以完全站立，夹层除了是客房，也是书房。

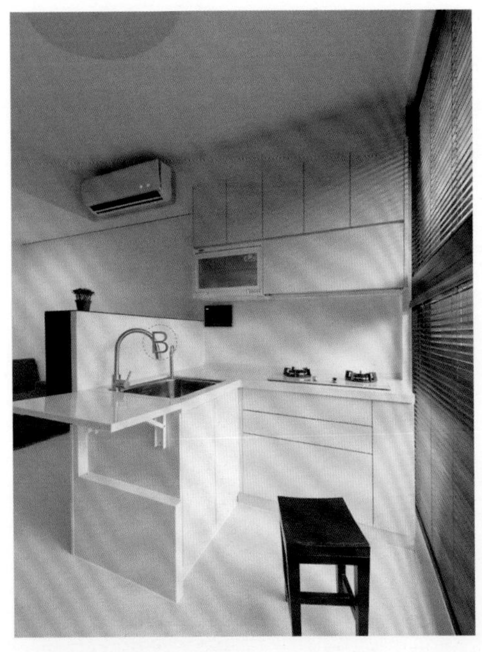

B 厨具结合电视墙

厨具侧边有隐藏式掀板，扩充小厨房的使用空间。水槽后方拉高的立面则是电视墙，彻底发挥空间的极致利用。

C 玻璃铁件楼梯轻盈明亮

通往夹层的楼梯安排在房子最底端，释放出最为宽敞的公私区域，楼梯材质以胶合强化网点玻璃和白色铁件打造，既可防滑又能让结构更为轻盈，也令空间轻松明亮。

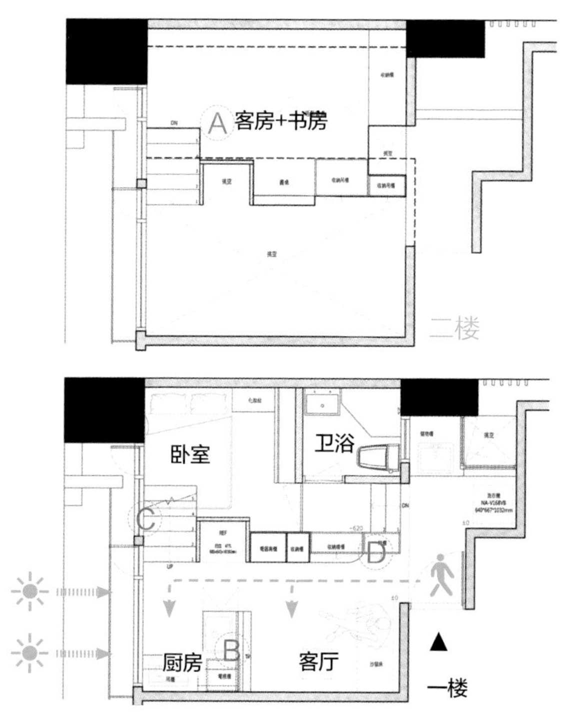

地面落差变出多元柜体

以地面落差设计中岛柜体，另一侧则是深度约16厘米的柜子，而冰箱后方的落差深度也创造出额外的收纳空间。

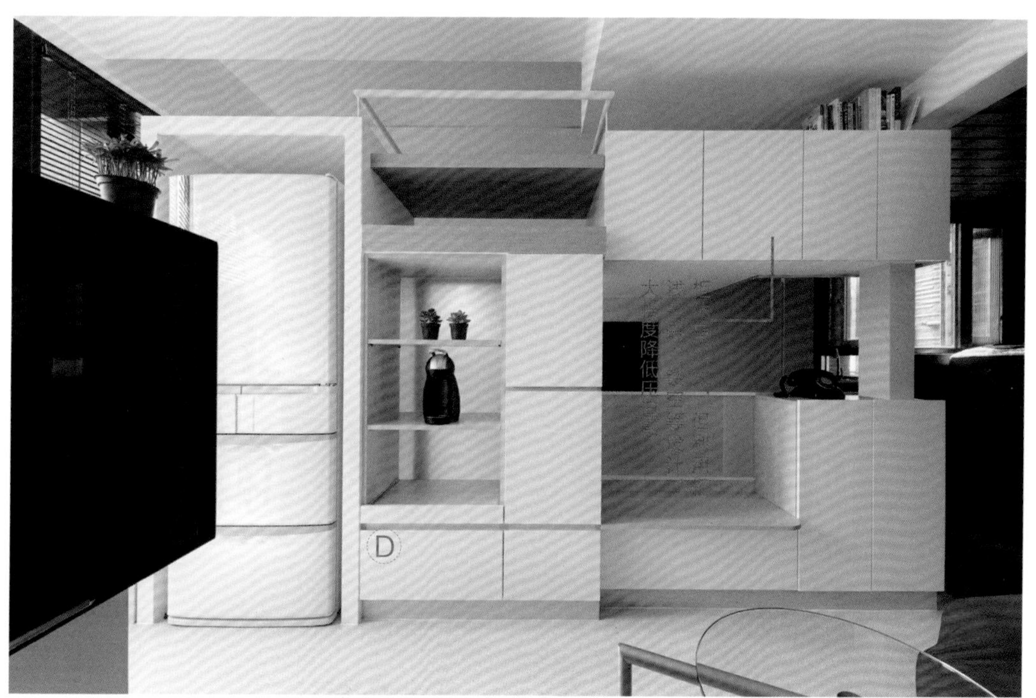

D 整合各式收纳的中岛柜

利用客厅和卧室的地面落差高度，创造出鞋柜、矮柜、电器柜以及大容量冰箱的收纳区，其中矮柜也结合座椅，且搭配镂空、玻璃材质，让空间有穿透感。

案例

09

三口之家蜗居60平方米，双面柜隔出专用书房

问题点 老房翻修状况多，空间、预算都有限

房主需求 无论孩子或大人，都希望能有个安静的阅读空间

超过15年的老房最怕的壁癌、漏水问题，还有老旧水电管线也需要重新更换，这些都是列在装修清单里的必要项目。困难的是，如何在60平方米空间里，区隔出必备的客厅、厨房、卫浴以及父母、儿童房间外，还要规划出书房与储藏室？！这种“不可能的任务”竟然顺利达成了！

房子虽小，却是家人安心的所在，必备的老房翻修过程马虎不得！受限于面积大小，设计团队只好往“上”发展，善用空间的立体与层次特性。大量利用双面柜、格栅、卧榻兼顾收纳，用视觉穿透的手法，让60平方米小宅拥有必备的功能。此外，以干净清爽的清水模搭配木作，成功将这60平方米的房子分隔出不同的使用区域。丰富空间层次，但丝毫不会显得局促，反而展现稳重却不沉重的简约风格。从玄关大方的留白，到客厅清水模墙面的清爽凉感，以及餐厨空间的温馨小确幸，60平方米老房获得重生，蜕变成现代感十足的清爽小家。

面积 / 60平方米　**家庭成员** / 夫妻+1儿童　**格局** / 客厅、餐厨、书房、主卧、次卧、卫浴、储藏室　**建材** / 木地板、实木贴皮、铁件、清水模、玻璃

图片提供_禾创设计

A 餐厨合体，功能一应俱全

开放性厨房以L型的厨具分隔空间，舍弃餐桌改用吧台，是小家庭温馨团聚的地方，延伸至客厅的清水模让空间无负担感；靠近抽油烟机的墙面采用烤漆玻璃，方便清理，也为空间增加了精彩性。

B 半穿透衣柜减少压迫感

主卧室空间有限，设计贴皮木作床头背板，再用壁灯点缀。整面墙的衣柜以磨砂玻璃代替一般传统柜门，让视觉得以半穿透，避免体积庞大的衣橱压迫卧室空间，又可遮住杂乱。

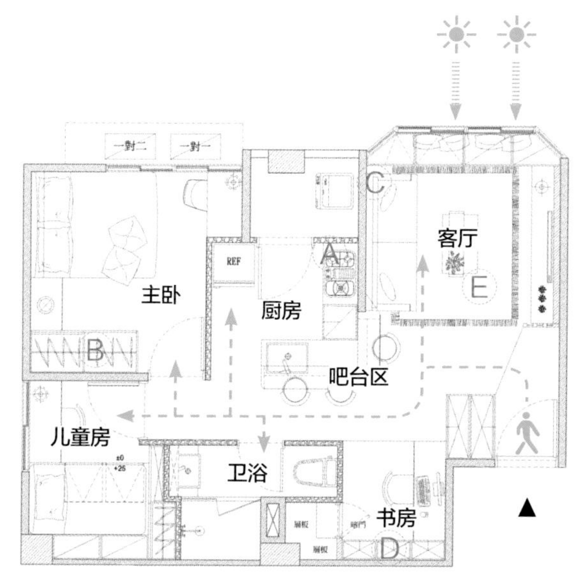

C 清水模墙面营造轻松氛围

为了让小空间视觉清净，从客厅延伸至餐厨空间都采用清水模墙面装饰，化繁为简的设计带来轻松和宁静。窗台边规划成卧榻，既可以增加收纳空间，也增加了客厅座位。

D 双面柜隔出3.5平方米小书房

鞋柜上下都留出空间，中间挖空做成展示柜，减轻柜体重量感；它其实是与书房共用的双面柜，利用柜体后方不到4平方米的空间分隔出书房，而椅子后方的灰色墙壁里则隐藏着迷你储藏室。

[创意集锦]

收纳与多功能设计妙招

小户型里不只空间要有复合功能，就连家具、隔墙等都需有多重功用，收纳当然也要有多重设计。既要能有效利用空间，又要满足诸多生活需求，让生活能变得更加方便、自在。

图片提供_好室设计

妙招1/ 活动家具突显功能性

若希望小空间更能自由变化，可搭配活动式家具，这样即使空间大小不变，功能却能更多元化。

图片提供_六相设计

妙招2/ 结合柜体与书桌功能

可利用大型柜体部分空间，将之规划为书桌等其他功能，让收纳不只是收纳，还能衍生出其他功能。

图片提供_白金里居室内设计

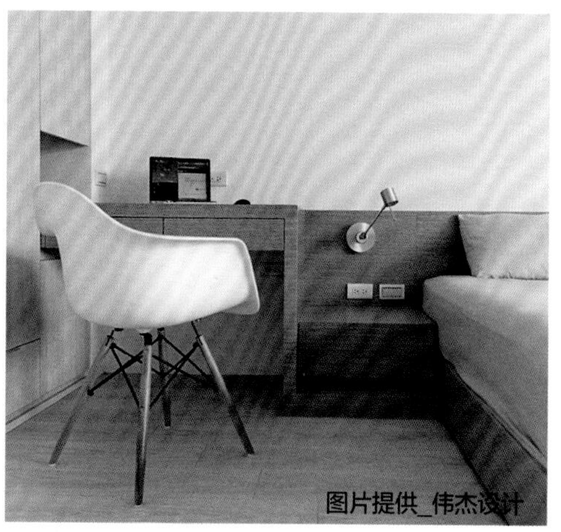
图片提供_伟杰设计

妙招3/ 楼梯下的收纳区

房屋若有楼梯的安排，其结构体下方即会多出一块不小的空间，可配合楼梯造型施工成一体成型的储藏空间。

妙招4/ 一体成型多功能

利用床头背板造型延伸，打造床边的小边几，一体成型概念，既省空间又美观，也让单纯的床头板具备实用功能。

图片提供_十一日晴设计

妙招5/ 拉平梁柱做收纳空间

不论是小户型还是大面积住宅，都会有梁柱问题，可在梁下安排收纳，既拉平梁柱线条又可增加收纳空间，一举两得。

图片提供_幸福生活研究院

妙招6/ 架高设计多出收纳空间

地板架高不仅可作为空间分隔，也可将收纳功能安排在地板下方，例如窗边卧榻座椅下方就很适合规划收纳。

妙招7/ 采取大面积柜体形式

可将空间的一面墙作整面收纳，并将所有收纳尽量整合于这面墙，让其余空间不需再做收纳规划，得以保持空间完整。

图片提供_甘纳设计

图片提供_KC design studio

妙招8/ 推拉门、折迭门代替隔间墙

利用推拉门、折迭门灵活界定空间功能，依需求拉开或收合，就可拥有独立空间或形成开放式空间，还能保持空间通透感。

图片提供_伟杰设计

妙招9/ 墙面全平面嵌入收纳

有些主墙面与其作为装饰性空间或是留白。不如设计成收纳墙面，将视听器材及电视完全嵌入墙面内，既不浪费空间，又能简化空间线条。